地球号太空船操作手册

Operating Manual for Spaceship Earth

[美]理查德·巴克敏斯特·富勒 / 著

陈霜 / 译

贵州出版集团
贵州人民出版社

著作权合同登记号 图字：22-2024-015 号

图书在版编目（CIP）数据

地球号太空船操作手册 /（美）理查德·巴克敏斯特·富勒著；陈霜译 . -- 贵阳：贵州人民出版社，2024.5（2025.2 重印）
（π 文库）
书名原文：Operating Manual for Spaceship Earth
ISBN 978-7-221-18265-4

Ⅰ . ①地… Ⅱ . ①理… ②陈… Ⅲ . ①自然资源保护
Ⅳ . ① X37

中国国家版本馆 CIP 数据核字 (2024) 第 061705 号

DIQIUHAO TAIKONGCHUAN CAOZUO SHOUCE
地球号太空船操作手册
[美] 理查德·巴克敏斯特·富勒 / 著
陈霜 / 译

选题策划 轻读文库　　出 版 人 朱文迅
责任编辑 杨进梅　　特约编辑 张雅洁

出　　版 贵州出版集团　贵州人民出版社
地　　址 贵州省贵阳市观山湖区会展东路 SOHO 办公区 A 座
发　　行 轻读文化传媒（北京）有限公司
印　　刷 天津联城印刷有限公司
版　　次 2024 年 5 月第 1 版
印　　次 2025 年 2 月第 2 次印刷
开　　本 730 毫米 × 940 毫米　1/32
印　　张 5.25
字　　数 90 千字
书　　号 ISBN 978-7-221-18265-4
定　　价 30.00 元

目录

前言

现在，全人类都面临这样一种选择：凭借智力去寻求、发现和应用宇宙的普遍性原则，以少胜多，最终成功实现可持续生存。

——理查德·巴克敏斯特·富勒

（R. Buckminster Fuller）

外祖父巴克敏斯特·富勒的三本最重要的著作再版了，我何其有幸，能为此撰写前言。这三本书分别是《地球号太空船操作手册》（*Operating Manual for Spaceship Earth*）、《要乌托邦，还是要消亡》（*Utopia or Oblivion*）和《来过就走，莫要停留》（*And It Came to Pass-Not to Stay*）。[1] 今天，人类正面临着前所未有的地球危机，在这个关键时期，能由我把巴克敏斯特·富勒的作品推介给年青一代，我备感荣幸。这三本书虽然写于三十到四十年前[2]，却堪称为今天准备的“锦囊妙计”。书中提出了创造可持续未来的解决方案，犹如一把神奇的钥匙，将开启全人

1　译注：此处指英文版的再版。《地球号太空船操作手册》和《要乌托邦，还是要消亡》于1969年首次出版，《来过就走，莫要停留》于1976年首次出版。

2　编注：指距离本书第一次再版的时间。

类通往未来的大门。

在生命的最后几年，外祖父巴奇（巴克敏斯特）安家在洛杉矶，与外祖母安妮和我一起生活。他们家距离我母亲的住处仅几步之遥。安妮长年待在家里，巴奇却满世界奔忙。他的家坐落在太平洋西岸，办公室设在费城，他自己却经常飞到世界各地巡回演讲。他就这样一次次地环游“地球号太空船”。有一天，他又要出远门，我开车送他去机场。他说：“杰米，到机场要开半小时，我们趁这段时间来讨论点什么吧。你说我们现在最该思考的问题是什么？”具体细节我已不记得了，但我确信谈话一定是围绕着这一主题进行的：如何有效利用资源，让全人类持续生存繁衍下去。这是巴奇的永恒议题，是指引他前进的“北极星”，他的思考从未偏离于此。

因此，允许我模仿巴奇的样子，向读者们提问：“我们现在最该思考的问题是什么？”让我们就从这个问题出发，开始讨论吧。多年以来，我有幸与外祖父一起生活和工作。在那些年里，无论是家庭聚会还是共事合作，无论是我陪同巴奇出差旅行还是他在写作演讲稿，巴奇总是再三强调人类发展进入了“关键时期”。他从思考研究中得出结论，认为人类已经走到生死攸关的十字路口，全人类都面临着史无前例的严峻抉择——是要天下大同的乌托邦，还是要人类从地球上销声匿迹。他断言，人类有史以来第一次掌握了地球生命的生杀大权：可以是毁灭性力量，也可以是建设性力量。他相信，人类凭借智力获取和积累专业知识，可持续性地利用地球现有资源和科学技术，分阶段逐步停止使用化石燃料和原子核能，可最终满足全人类的基本生存需求（食物、住宅、能源和水等）。

我与外祖父一同生活了二十八年，这期间他发表过几百场演讲，我全都列席聆听。在这些演讲中，他或是讨论全球发展趋势，或是探究大自然的设计原则，或是阐释他某项发明的工程策略，或是研究芸芸众生的渺小力量如何能够推动变革，但万变不离其宗的是，他从来不曾忽视全球大局。在我陪伴外祖父的日日夜夜里，毫不夸张地说，他每分每秒都清醒地意识到地球面临危机，他也明白我们每个个体做出的每个选择、每个举动都至关重要，既有可能成为“压垮骆驼的最后一根稻草”，也有可能成为帮助脱难的救命稻草。

巴奇高度关注“地球危机”，他的言论极具说服力，影响深远。然而，任何超前的思想理念都很难立刻被民众理解和接受。巴奇的议题尺度宏大，人们很难将之与日常生活联系起来。“真的有办法让全人类可持续生存下去吗？”“就算有办法，我区区一个人能起什么作用呢？”第一次听到巴奇言论的人通常都会如此发问。后来，渐渐地，许多人开始涉足与此相关的某些领域，但“地球危机”的紧迫性仍然没有引起足够重视。对于发达国家的大多数人来说，饱食终日，生活舒适，什么危机都不足为奇。

然而，时至今日，“地球危机”已不再耸人听闻，不再遥不可及。世界性危机已成为全民共识，还交织着气候急剧变化、环境急剧恶化，更不要说核武器危机和全球大面积极端贫困问题持续无解了。当前形势表明，我们已经越来越逼近不可逆转的临界点，人类的集体意识已经逐渐清醒和明朗起来。今天的人们几乎再也不可能回避地球危机了。例如，科学家指出，如果北极冰盖持续快速融化下去，那么五年之内便将荡然无存。如果我们仍然无法认识到人类完全有能力建设可持续的未来，有能力把“危机”转化为“生机”，那么即使我们对环境问题有所警醒，也很难彻底走出当前困境。

那么，你手里拿着的这本书将如何帮助你理解可持续的未来？将如何帮助你参与到拯救地球的行动中，学习驾驶“地球号太空船”成功进入安全飞行模式？我所了解的巴奇有一项卓越的才能，那就是他善于描绘最宏大的全景图像，让我们很容易发现目前应该采取什么行动才能阻止地球危机。巴奇在书中把这样的拯救行动描述为一门“宏观上综合全面而微观上精准确切”的学科。在他看来，拯救行动具有两种相反的极端特性，单独强调其中任何一种都会引起失衡，最终导致拯救行动失败。巴奇把这样一种解决问题的“大策略”称为“综合性预期设计科学”。他认为这是解决地球危机最有效的工具。

巴奇一直致力于推动“设计革命”，他坚信“改变环境比改变人容易”。举例来说，假设有座村庄临河而建，大河凶险，长久以来屡有村民涉水遇难。这时，我们设计建造了一座新桥，那么自然而然，人们都会从桥上行走过河，不再冒险摇船蹚水。随着村民们逐渐习惯使用新桥，原有的生活方式便会自然而然地转变。到21世纪中叶，世界人口将超过90亿，如何利用有限的地球资源创造充足的“能量收益”以维持90亿人的持续生存，同时保证生态环境不受破坏，这是个极其复杂的难题。巴奇认为，要解决地球危机，必须重新建构地球生命保障系统；要重新建构地球生命保障系统，从根本上必须依靠设计创新。如今的计算机性能年年提升，实体重量却在年年减轻；节能灯比白炽灯耗电少，而且寿命更长。设计创新不断提高全球基础建设的总体效率，不断发掘地球资源潜力，最终实现全人类的设计革命，这就是所谓的“以少胜多”，巴奇观察到大自然的规律一概如此。

因此，“我们最该思考的问题是什么”？现在最该思考什么？明天最该思考什么？明天会遇到什么挑战，今天还不得而知，但“地球危机”是无处不在、无时不在的，我们理应从现在就开始思考如何应对。巴奇指出，我们面前有两种选择：或者是认真思考，进而建设性地行动起来；或者是消极被动，听之任之。那么，现在唯一的问题就是：人类究竟会做出哪一种选择？巴奇在写给助手的一封信中谈道：

> **我要大声疾呼，用一场全球性的、不流血的、建设性的设计革命来取代全球性的流血革命。设计领域的革命将带来“全胜”，而流血革命只能导致“全输”。**

值得高兴的是，“设计革命”今天已在全球范围内初具规模，活跃、良性且欣欣向荣。虽然只有少数业内人士会采用“设计革命”这样的名称，但今天，在世界各地，无数个人、机构和组织在面临难题时，都会采用巴奇所倡导的各项原则，从设计上积极寻求解决方案。即使占据报纸、杂志和主流电视节目头条的往往是“流血革命”，但如果我们看得稍微深入一点，就会发现世界各地频频出现“设计革命”的身影，令人鼓舞。我们每个人都能为这场设计革命添砖加瓦。那么，只要发动设计革命就足以解决地球危机了吗？来得及吗？没有人知道答案。但可以肯定的是，解决地球危机，我们人人有责。

> 曾经，我一想到区区个人难有作为，便觉心情沉重。后来，我想到了“玛丽皇后号”。你看，舰船的尾部装有船舵，而船舵的边缘配有一个小零件，被称为“调整片”。调整片相当于微型船舵。只要动一动这个小小的调整片，就能形成一定的低压，从而扳动船舵。几乎不费吹灰之力。于是，我豁然开朗。我意识到我们每个人都可充当一个调整片。从全社会来看，单个个体似乎无足轻重，但如果每个人都发挥出巨大的精神力量，那么每个人都会成为一个调整片，牵一发而动全身，整条大船的行驶就会受到影响。因此我在此呼吁：“让我们都来当一个‘调整片’吧！”
>
> 巴克敏斯特·富勒
>
> 《花花公子》（1972年2月），第46页
>
> 巴里·法雷尔（Barry Farrell）专访文稿

巴奇一生著书二十四本。我满怀着对地球危机的忧患意识，要着手从中挑选三本再版，为此我颇感诚惶诚恐，因为我知道这三本书将成为这个时代最及时有效的调整片。首先，我挑选了《地球号太空船操作手册》。该书简明易懂，如同一幅简练精准又综合全

面的地图，描绘出人类将“如何拯救地球”的整体大局。该书荣登1969年的畅销书排行榜。第二本书，我决定向读者推荐《要乌托邦，还是要消亡》。该书与《地球号太空船操作手册》一脉相承、彼此呼应，主要收集整理了巴奇在世界各地发表的演讲文稿，充分阐述了巴奇的中心思想，纯粹、原生、灵性、不加雕琢，内容全面，但略显厚重。

至于第三本书，我原先设想的是在《地球有限公司》(*Earth, Inc.*)和《巨人的焦虑》(*Grunch of Giants*)二者中选一，旨在延续巴奇的地球观，与《地球号太空船操作手册》和《要乌托邦，还是要消亡》共同构成三部曲。后来，我恍然大悟：光谈地球而不谈大背景是没有道理的，据我所知，巴奇关注与思考的远远不只是“地球世界”，他永远高瞻远瞩，总是以浩瀚宇宙为起点来思考问题。因此，我转而选择了巴奇的“诗集”，或者按照他自己的说法是“透气式散文”[3]，希望展示他诗意哲学的一面。本次再版的其他两部作品均由巴奇的公开演讲文稿修订而成，与之相比，他的“诗歌”本质上更为内在，更为个性

3　译注：透气式散文(ventilated prose)指行文采用“语义换行”(semantic linefeed)进行格式排版，形如诗歌，旨在避免长句，增强文本可读性。富勒的《来过就走，莫要停留》即以这种格式写成。

化。当巴奇手中执笔，便又成了语言领域和宇宙学领域的改革者与创新派。我希望再版三部曲能向读者呈现出一个完整全面的巴奇，因此，第三本书选择《来过就走，莫要停留》最合适不过了。该书内容从共性和美好谈到对世界之千变万化的惊叹，我最喜欢的一篇巴奇作品《我懂得的太少》（*How Little I know*）也收录其中。

几十年来，这是我第一次重新阅读这三本书，感觉有如一场意外之旅。虽然我自幼便沉浸在巴奇的世界观中，虽然1983年他去世之后，我的生活和工作仍然与他的精神财富密不可分，但是，重读三部曲依然深深地震撼了我。自从再版项目启动，我的脑海里就仿佛出现了声声回响，唤醒了许多过往的记忆。

外祖父的作品，我在少年时期全部“看”过，但当时恐怕只能领略零星片段。多年来，我也时常因故需要查阅和引用巴奇的作品，但从未静下心安坐片刻，一页一页从头到尾读上一本。去年冬天，我终于花了三个月时间，认真通读了巴奇的所有作品。时至今日，我已人到中年，而身边的世界正发生着翻天覆地的变化。阅读巴奇的书，仿佛又一次聆听巴奇的谆谆教诲，听到他的声音在我心深处回响。21世纪初的今天，巴奇的讯息虽然来自遥远的过去，却又那么合乎时情、切中时弊。

阅读巴奇的书时，我不禁频频感叹，人类多么迷恋于穿越时光。如今，摄像头和录像机随手可得、无处不在，大概我们都偶尔提议过："咱们来录个像，跟孙子孙女们说说话，等以后我们不在了，让他们看看。"那么，你想跟孙辈们说些什么呢？你有什么智慧与经验可以传授给他们呢？重读巴奇，就好像是我在阁楼深处翻箱倒柜发现了珍奇宝贝，发现了祖辈传授的智慧与经验。今天的我们正处于危急时刻，正在努力寻求解决方案。重读巴奇，又好像是听见他站在时光的那一头向我们大声喊话。正是巴奇卓越非凡的前瞻性震撼了今天的读者，他早在几十年前就预见到了危机将至，实属难能可贵。

就我个人而言，我的成长历程是与巴奇的写作密切联系在一起的。《要乌托邦，还是要消亡》一书脱胎于巴奇20世纪60年代的演讲文稿。在我最早的记忆中，巴奇总是四处奔波、马不停蹄，一场演讲接着一场演讲。因此，那时他常有机会来洛杉矶看望我们一家。我已不记得第一次正式聆听巴奇的演讲是在什么时候了。但到了20世纪60年代末，我已经是他的热心听众了。他形容自己的谈话是"把想法说出来"，而据我观察，他随时随地都在"把想法说出来"：有时在车里，有时在饭后的餐桌上，有时在家里接受采访时。

我至今犹记在少年时代看见巴奇编辑、修改《地球号太空船操作手册》出版校样的情形。不论是我们一同乘机飞往东岸，我坐在他的旁边；或是夏日炎炎，我们在缅因州海岸扬帆远航；或是在我们家的餐桌上（那是他最喜欢的位置），我都看到他一遍遍地审阅文稿、记笔记、用彩笔画箭头、画示意图、贴小纸条。在休闲的家庭聚会、朋友聚会或同事聚会上，他也常会把文稿拿出来，给大家念上几段，有时请别人念。如此种种，精彩纷呈，使我对巴奇的作品产生了浓厚兴趣。上中学时，我非常渴望能“独立自主地”阅读他的书。于是，有一年圣诞节，他就应我的要求，送了我一套作品全集。

前一段时间，我在斯坦福大学富勒档案室里偶得一场“昔日重现”。在查阅《来过就走，莫要停留》的手稿时，我发现有一张稿纸的末尾记录了一串修改日期和地点（巴奇一向精于记录，细致入微）：

巴克敏斯特·富勒，缅因州巴尔岛，1974年8月4日；
修改、重新输入，伊朗设拉子，1974年9月24日；
修改、重新输入，印度孟买，1974年10月1日；
修改、重新输入，印度新德里，1974年10月6日；
修改、重新输入，美国费城，1974年11月22日；
修改、重新输入，美国费城，1974年12月4日；

修改、重新输入，美国费城，1975年1月31日。

我注意到，这些地方都是我陪同巴奇去的，那半年时间他都在环球旅行、发表演讲。这一串文稿修订记录简直就是一张精彩的行程表。在那期间，巴奇平均每三天发表一场演讲。

当我在另外一沓文件里翻到一张活页白纸时，仿佛穿越时光虫洞，不禁脊背发凉。这沓《1976年诗歌》初稿中有一张剪裁拼贴起来的打字页，纸面上，我看见了自己的笔迹：

真正的财富

是将人类的能力

有技巧地组织起来

以此去获取

衣食住行

去保护

去预知

去适应

人类生活的种种需求

真正的财富浩瀚无垠

它就是让很多人

未来持续生存很久的能力

而纸张的反面被巴奇画满了几何结构。小小一张纸片有如一幅全息影像，印记着我与巴奇一起工作过的一个下午，记录了他致力于统观全球的现状、趋势和未来的工作历程。

再版的巴奇三部曲堪称我们这个时代的第一张“速拍快照”，而巴奇这位“摄影师”竭尽所能，展望着“地球号太空船”的未来。1968年，“阿波罗8号”的宇航员比尔·安德斯从月球上拍摄了著名的“地球升起”的照片，那是人类第一次看见自己的星球。而巴奇三部曲也是如此，让我们第一次看见地球的现状。虽然巴奇的“摄影镜头”远不如今天先进，但他所“拍摄”到的“整体大局”却异常精准和清晰，展示了进入21世纪的人类所面临的挑战及人类所具备的潜力。

通过巴奇的作品，读者会看到他热心于展望未来、预测趋势。他很乐于预测未来，也深感其意义重大，他称之为“预言”。在他撰写三部曲期间，曾经梦想着能用上早期计算机，当时的“大型主机”有一间房间那么大。他一直希望用计算机来清点“地球资源”，统计“人类发展趋势”，总结“人类需求”，因为这项工作，他和助手们已经“手工”进行了三十多年。在这三本书里，巴奇多次预言计算机将会极大地改变世界。

1975年，他在书中写道：

计算机能力高强

将大大增强人类优势

所有的相关信息

都将由计算机收集整理、清点排列

而后加以重现

人类将会发现

不管他们需要做什么

只要他们懂得怎么做

他们的资源都充足无虞

事实上那也是

他们唯一应该做的事

摘自《来过就走，莫要停留》，第94页

计算机的数据处理能力强大，令人类优势倍增、如虎添翼，可将地球上的一草一木、一事一物“全部清点、排列和重现”。虽然在巴奇生命的最后几年，他的办公室里已经摆放了一台由苹果公司赠送的小型的苹果二代电脑，但他在生前并没能看到计算机的强大数据处理能力被用来开发他所设想的“地球资源清单”。尽管巴奇对此早有预见，他却未能切身体验。到了今天，巨型数据库已经十分普及。

你可能会注意到巴奇的某些预测有所偏差。例如，他认为世界人口在2000年前便将稳定在50亿，但事实并非如此。不过，当今人口学家在预测未来时，与巴奇的意见一致（例如，联合国预测世界人口将于2050年稳定在90亿）。巴奇洞见生活水平的提高会导致出生率下降，而且降幅巨大，下降趋势不可阻挡；他也预见到寿命的延长会导致人口增长，这些预言与当前世界形势完全吻合。

1965年，在美国劳工局会议上，巴奇发言道：

> **现代工业社会正在苏醒，人们开始意识到，只有全面改用储量无限的能源，才可能取得更大成功。人类应该停止使用以化石燃料形式储存的地球能源，切勿把“资本本金”燃烧殆尽。**
>
> **可再生的自然能源包括洋流潮汐能、风能、太阳能及可制备酒精的植物等。能量输送通过管道和网络遍布全球。人类必须保障能量的产出和消耗达到平衡，有效增强自身的物质优势，满足全人类的生活需求……**
>
> **摘自《要乌托邦，还是要消亡》，第301页**

又如，1967年，他这样阐述他最爱使用的一个词语——“协同效应”（synergy）：

> **……在英语里，“协同效应”是唯一可用来表达“整体运转效能不等同于其组成部分的运转效能简单加总”的**

词。……我到世界各地去演讲的时候，多次向在场的大学生听众提问。我发现，总计百余位的被访者中，对“协同效应”有所耳闻的不足三百分之一。而且，“协同效应”在英语中没有其他同义词。因此，我可以得出结论：显然，全世界的人们都没有认识到“协同效应”，没有想到系统各个组件的效能无法预示系统整体的效能。造成这种局面的部分原因是过度专业化，整体性综合思维被为数不多的“大海盗”暗中把持，而在台面上指手画脚的只不过是他们的傀儡（封建君王或当地政治首脑）。

《地球号太空船操作手册》

在我们的时代，“协同效应”这个词已被广泛使用，频频出现在商业周刊、糖果包装纸，乃至社区健康水疗馆的广告上。人们都以为这并非什么新鲜事物。但愿这预示着人类社会已具备看清“大局全景”的能力了。正如巴奇过去常常宣称的那样，“只要人们理解了‘是什么’，就不需要手把手教他们怎么样去做了”。

对于初次接触巴奇作品的读者，在你们踏上穿越巴奇宇宙的旅程之际，我向你们提供一些阅读小窍门。你们或许会发现，巴奇时常在宏观和微观之间来回翻转，在综合与精细之间反复切换，把你们的思维又拉又伸、又扭又转的，最后使之全打成结了。请你们耐心点，把这种困惑当作重新定向，一开始难免有点头晕目眩。多给自己一点时间。巴奇作品堪称思想工具，犹如一剂转型催化剂，敦促人们跳出思维定式。根据个人情况，也许一天一剂，慢慢地把整本书读完，慢慢地消化书里的内容。一天一天下来，一周一周下来，甚至一个月一个月下来，你就会发现自己的思想变化。加油吧！请把阅读巴奇作品当作学习外语或学习计算机语言。我相信，脑科学专家将会证明，阅读巴奇作品是一个学习过程，有助于构造大脑细胞，有助于增强脑细胞之间的联系。

巴奇还经常自创新词，或者旧词新用，其动机纯粹在于他一直试图超越人类固有的思维定式。巴奇在32岁那年给自己定了一条规矩，但凡用词必须经过认真思考，必须抵制住人云亦云的诱惑，必须拒绝迎合大众口味。例如，他经常指出："我们还在说着什么'日出'和'日落'，但其实几百年前，我们就知道是地球绕着太阳转而不是太阳绕着地球转！"有人闻言后，写信建议把这两个词改成"日现"和"日尽"，巴奇立刻欣然采纳。

阅读巴奇作品时，建议读者不妨采用学习外语的方法：尽量以自然语速让词汇、句子连续通过，不去苛求计较每个单词的含义。尽量保证阅读的连续性，即使这会使你们在初次阅读时错过某些细节。如果你们坚持连续阅读，立足于大局，着眼于全景，关注于隐含原则，那么即使没有掌握所有的细节，也势必能够获得充分的背景知识。一旦对巴奇的整体理念有所了解，你们便会深受启迪，在兴趣的驱使下开始二次阅读，逐步揣摩之前没有理解的细节。在巴奇看来，这其实也是一条重要原则：在解决问题或批判性思考的过程中，应该从整体出发、从全局出发，逐步进入构件或细节，这样的思维模式具有根本性优势。

唐·穆尔（Don Moore）是巴奇的老朋友和亲密助手，作为一名天才系统分析师和工程师，他总是感叹："在我认识的所有人里，巴奇最爱思考，就没有他不思考的事。"巴奇主张，我们要想寻求地球危机的解决方案，必须"从思考整个宇宙开始"。在巴奇看来，宇宙设计得如此巧妙，所有的解决方案其实就在我们身边。巴奇最大的贡献不在于他发现了这样那样的科学事实和数据，或是做出了这样那样的预言，或是开发了这样那样的方案，而在于他向世人揭示出宇宙运行的深层原则。谢天谢地，只要我们孜孜不倦、上下求索，终将掌握最先进、最高端的设计与技术，终将揭开大自然的奥秘。

杰米·斯奈德（Jaime Snyder）

2008年5月，写于加州

Chapter 1

综合的天性

人类的创造力非同凡响，时而迸发，有如天降一场及时甘霖。为此，我总是欢欣鼓舞。假如有一天，你不幸遭遇海难，而所有的救生艇此刻都不见了，这时，如果你抱住了一块钢琴琴盖，便可以漂浮逃生。偶然之间，琴盖成了一件救生工具。可是这并不意味着救生工具全都应该设计成钢琴琴盖的样子。然而，人类往往会犯这样的毛病，那就是抱住了许多信手拈来的“钢琴琴盖”不放，认定这就是解决问题的唯一方案。人类的大脑只能专事专办，但人类的思想却不然；人类只有运用思想才能够总结发现万用的普遍性原则，人类一旦发现并掌握这些普遍性原则，便能凭借知识优势，无往不胜。

在我们的孩童时期，许多天性驱使的自发行为因大人们不经意的阻挠而频频受挫，导致我们从此一蹶不振，习惯于龟缩，不再起心动念想要大胆尝试去挖掘潜力。我们发现苟同他人、追随潮流最不费力。因此，尽管工业时代的专业化大生产已经暴露出狭隘短视的弊病，大多数人却置若罔闻，不求新、不图变，将全人类共同的难题留给少数人去解决——主要是政治首脑们。我们成年人思维狭隘，业已习惯成自然，要想彻底改变，必须竭尽全力，以孩童般的无所畏惧，挑战未来。在本书中，我将循此思路，尽我所能放眼最远的未来，尽我所能探讨更多的问题——虽然这样的思考也许不够长远。

我曾受训于美国海军学院，有切身体会，认识到人类在天文导航技术、引航技术、弹道学和军事物流学等领域的预测手段已经高度发达；我还认识到，过去海军由于精通长期预测性设计科学而掌握了全球海上控制权，而今这门科学逐渐发展，形成了通用系统理论。1927年，我开始对以下两个指标进行认真研究：其一，对人类发展趋势进行预测的时效性能达到多长；其二，在现有资料和数据的基础上，对人类全面发展进化的物质细节进行预测的准确性能达到多高。最终，我得出这样一个结论：预测时效大约可达二十五年，也就是说，人们能够比较准确地预测到二十五年后的未来发展。这大概是每一代工业工具的适用期。平均而言，所有的新工具从发明到应用，随后被淘汰，大约要经历二十五年。上一代工具的金属材料被回收，再次用于性能更高的新一代工具的生产制造。总之，我在1927年经过分析推导，做出了若干预测。其中大多数预测针对四分之一世纪之后，即1952年；而少数则预测到了半个世纪之后，即1977年。

1927年，每当有人问起，我就会跟他们谈我的预测——描述了20世纪的50年代、60年代和70年代，世界会变成什么样。人们听完之后，总会付之一笑：“真有意思，不过，您预测的是一千年以后吧！”如前文所述，我自己专门研究过预测的时效性，现在看到别人竟然随口一句便可轻易预测千年之后，时效长度达到了我的40倍，对此，我啼笑皆非。随着时间推移，人们慢慢改口了，先是说我超前了一百年，现在他们干脆说我有点落伍了。我总算见识到社会大众对新鲜事物会做何反应，也明白了当现实世界发生了变化，人们会迅速接受并轻松适应，就好像世界原本如此。因此，我意识到，人们之所以说我落伍，仅仅是因为我预言过的进化事件按时发生了。

不过，有了这样的经历，我更有信心对未来二十五年进行预测了。首先，我想要探讨一下人类社会的现实状况。例如，目前全世界有超过一半的人口生活在贫困之中[4]，悲惨无助，亟须全面改变生存环境。把穷人赶走，就是把贫民窟改造成豪宅，导致原先的住户付不起租金，无奈迁离——毫无疑问，这种方法极不可取。但我们的社会采取了种种诸如此类治

---

4 2001年，18%的人口（61亿人口中的11亿）生活在“极度贫困”中。极度贫困指无法满足基本的生存需求，每日生活费低于1美元。1981年，34%的人口（44亿人口中的15亿）被划分为“极度贫困”。见杰弗里·萨克斯（Jeffrey Sachs），《贫穷的终结：我们时代的经济可能》（*The End of Poverty: Economic Possibilities for Our Time*），企鹅出版社，纽约，2005年，第1章。

标不治本的措施，而许多人宁愿眼不见为净，假装这样就大功告成、解决问题了。今天，人类社会面临着许多困难，我们苦苦挣扎却力不从心，原因之一便在于我们估算成本的时候总是短视，而后却产生大量计划外的费用，最终不堪重负。

固然，我们的失败有多方面的原因，但最重要的原因之一可能是专业化分工。由于整个人类社会的运作建立在专业化分工的基础上，我们坚信专业化是成功的关键，却没有意识到专业化阻碍了综合性思维。这意味着各行各业经年累积的技术与经济优势，本来有可能经过整合而发挥更大效用，但专业化思维无法对这些优势进行综合认知和理解，因而也无法发挥集成优势。有时，集成优势虽然得以利用，却被用于武器生产或其他军事工业上了。

今天的大学均已逐步组织，形成极端精细的专业化分野。全社会想当然地认定专业化是自然而然的，是无可避免的，是必不可少的。然而，我们观察儿童就会发现，他们对万事万物都充满好奇，能够自主地理解、领会和总结出一套又一套的经验来。孩子们一向是天文馆的热情参观者。人类之所以成为万物之灵，正是因为这种渴望洞悉宇宙、参透万物的求知欲。

推动人类发展的一大动力是理解和被理解。地球上的其他所有生物都具有高度专业化的天性，唯有人类例外。在对某一领域的事务进行理解和协调处理方面，人类具有独一无二的综合性理解。如果造物主的本意是要让人类成为专家，那么他应该让人类长有带显微镜的眼睛才对。

大自然需要多向适应的人类，而非单向适应。因此造物主既给了人类大脑，也赋予人类思想，由大脑充当协调的中枢。人类有了思想，便能理解、领会飞行驾驶和深海潜水的普遍性原则：需要上天时，人类坐上飞行器，犹如插上了“翅膀”；需要下海时，人类有辅助呼吸的工具，仿佛装上了“肺”；不需要时，可以脱掉“翅膀”，摘掉“肺”。飞行专家鸟类为翅膀所累，行走不便，潜水专家鱼类离不开江河湖海，永远无法登上陆地，因为鸟类和鱼类都是“专家”。

由于我们对儿童行为和儿童教育知之甚少，我们开始研究行为科学，至今略有收获。过去，我们想当然地以为儿童就是一张白纸，可以任意涂写；我们总是企图往儿童的头脑中灌输人类历史传承下来的知识和智慧，直到他们“受到教育”。但是，现代行为科学的实验表明，这种教育方法并不合适。

孩童表现出了人类的综合性思维，他们无所不及、无所不在的好奇心与生俱来、显而易见、有目共睹，但我们非但没有尊重孩童的综合化天性，反而刻意通过正规教育体制引导他们走上狭隘的专业化道路。为什么呢？我们追溯一下历史，不需要久远，就能找到答案。让我们回到那个大时代，整个世界大多数人都处于蒙昧和无知之中，唯有彪悍的领袖们野心勃勃、实力超群、偶露峥嵘。我们发现，早期的人类社会经济艰困，仅有不足1%的人口能够活到寿终正寝。其原因有三：第一，表面上看来，生活必需资源十分匮乏；第二，文盲社会生产力低下，无力与环境抗争；第三，人类不断繁衍后代，必须承担新生人口带来的生存压力。于是乎，人们在苦苦挣扎中，就听见一声高呼："跟着我干就会超过别人！"正是这些精明强干、足智多谋的领袖发明出"专业化"的概念，并将之发展完善。

看看人类历史的总体格局，考虑到地球表面的四分之三被水覆盖，这就不难解释人类为什么一直待在陆地上——把自己限定为"陆地专家"，从未想到有一天会上天入海、乘坐潜艇穿越大洋。由于人类局限在占地球面积四分之一的陆地上，很容易逐步发展为专职农民、专职猎人，或者领袖麾下的专职士兵。然而，适宜人类生存居住的陆地面积尚不足总陆地面积的一半。人类有史以来，99.9%的人口都蜗居在10%的地球表面，因为只有在那些地方能找到生活资源。人类的宜居地并非连成一片，而是散布在全球各地的无数细小地块。因此，人们各据一方、各行其是，对外界茫然不知。他们完全不了解世界有多大、环境有多不同、资源有多丰富，他们只盯着自己鼻尖底下的小世界。

但也有少数人不安现状、乐于冒险，他们潜心发明，反复测试，终于建造出各种水上航行工具，从木筏、独木舟、草船到舷外支架式帆船，不一而足。最初，冒险家们驾船在本地河流、海湾中游弋，接着，他们沿海岸线探索前进，然后，他们离开海岸驶向大洋。最终，他们开发出体形庞大的肋腹渔船，冒险出海。船只体积越来越大，功能越来越强，冒险家们在外海停留的时间也就越来越久，乃至长达几个月。从此，冒险家们开始了航海生活。海上航行让冒险家们环游世界，并迅速发财致富。这样，他们成了第一批“世界人”。

冒险家们不仅在海上站稳了脚跟，而且技术高明，称霸水陆，威风八面。他们高瞻远瞩，善于设计船舶，还拥有原始的科学观念，掌握着较高水平的数学知识和探测技术，在航海时，能保障船只在雾、夜和风暴中安全行驶，躲避岩礁、浅滩和湍流等。同时，为了建造、生产大型船舶，这些海上大冒险家必须想办法发动并指挥其邻里乡党，组织起相当规模的金工、木工、织工及其他技术行业工匠。而要保证冒险家及其手下的造船工人们有吃有穿，就必须让当地的猎户和农民供给粮食；为了让猎户和农民服从听命，冒险家们就必须树立和维护自己的领袖地位。于是我们看到，这些优秀的剑客冒险家既富有远见卓识，又深谙协调管理之道，在他们的高度权威下，专业化分工日益加剧。等到“他的船进港了”，也就是说，一旦海上冒险成功归来，全城乡亲都得以分一杯羹，那时，冒险家的领袖权威就被无限放大了。

冒险家领袖为数不多。他们在海上冒险时逐渐发现，原来全球水域是连为一体的，那么，全球人类和全球陆地也都可以联系起来了。他们深知麾下水手们目不识丁，不可能认识到这个事实。那些水手每晚泡在酒馆里，不醉不归，迷迷糊糊被拖上船，次日清早醒来，又在海上航行了。他们眼里只看见大海茫茫，他们毫无航海知识，对自己身在何方一无所知。

很快，海上领袖又发现，世界各地的人们对其他地方的人一无所知。大冒险家注意到，地球资源分布不均，如果把各地资源集合起来，就能够取长补短，制造优质高价的工具，提供优质高价的服务，生产优质高价的消费品。这样一来，某些资源原先在产地不值一文，但换个地方就会突然身价百倍。海上冒险家航行于世界各地，通过整合资源、分销产品迅速积累起巨额财富，充满好奇心而且购买欲旺盛的买家络绎不绝。身为船主的大冒险家们发现，由于海水浮力的自然法则，船舶能够运载大量货物，如此之巨，绝无可能由牲畜背负，更无法依靠人力搬运。此外，船舶可以直接横跨海湾或大洋，不必顺沿弯曲漫长的海岸线，也无须穿越艰难险阻的崇山峻岭，海上运输路程短、费时少。因此，为数不多的海上冒险家拥有了万贯家财，权倾一方。

首先我们想要了解知识专业化是如何形成的。为此，我们必须看看冒险家领袖与他们管辖的无数专业人员的差别在哪里：冒险家领袖具有综合的智力，而从事各行各业的属下则掌握着各种各样体力劳动、手工技艺的专门能力；冒险家领袖凭借智慧和武功令所有专业人员臣服。大冒险家们永远以“全世界”为思考单位，他们知悉全球四分之三的面积被海洋覆盖，而所有海洋将整个世界连为一体。与之相反，在近代发明和使用电缆之前，全球99.9%的人都只以本地为思考单位，他们永远只看得到自己鼻尖下的一块土地。尽管先进的现代通信技术拉近了人们的距离，尽管全球的整体意义被人们普遍认知，但在1969年，世界仍然按照地域性的主权独立原则各自为政、各行其是，这实在太过时了。

这种“国家”观念由顶级武力强制维护。由于人们出生地不同，当他们被灌输了上述国家观念，就会陷入更加严重的专业化奴役深渊和高度个性化的身份等级泥淖。我们会发现，这种奴役性的划分导致了种种不合科学逻辑的荒谬问题。譬如：“你住在哪里？”“你从事什么工作？”“你信仰什么宗教？”“你是什么种族？”“你是哪国人？”对于这些问题，我们习以为常。但到了21世纪，要么人类终将明白这类问题荒谬绝伦，有违进化规律，要么地球上已经无人幸存了。亲爱的读者，如果你不明白为什么，且听我下文分解。

Chapter 2

专业化的由来

很显然，为了纠正或消除“专业化”这一错误观念，我们需要远溯历史，深入研究专业化是如何起源、形成和发展的。从历史上看，我们可以说在20世纪以前，普通人的视野仅为地球表面的大约百万分之一。人们的生活体验局限于此，很容易就导致了坐井观天的狭隘视角。不用说，那时人们都以为地球是平的，以为地平线向外无限延伸。直到今天，学校教育还是从点线面的概念开始，说什么直线和平面向外“无限”延伸，非常难以理解。这些概念过分简化，容易造成预设立场，妨碍了综合性体验可能带来的创新发现，因此极具误导性、盲目性和危害性。

当整个人类社会对世界的认知都处于这样的蒙昧无知中，那些具有综合性思维和全局性视野的海上冒险家立刻意识到，真正能与他们竞争的只有他们的同类——那些像他们一样具有综合性思维和全局性视野的勇士，也认识到或者正希望通过实践经验来学习了解“整个世界是什么样的”。我把这些海上冒险家称为“大响马”或“大海盗”，因为在当时，陆地法律无法适用于海岸之外。这些海上冒险家——历史上第一批“世界人”，天生反骨、无法无天，只有自然法则能真正辖制他们。每当暴风骤雨来袭，严酷的宇宙定律往往带来毁灭性打击。公海之上，迷雾重重，暗夜行进，礁石处处，一切都是那么艰险无情。

后来，“大海盗”们狭路相逢，于是拔剑相向，一争高下，力求控制茫茫大洋的海上航线，最终一统天下。他们的战斗不为人知。但战败者大多默默无闻地沉没于历史洪流，没有留下任何历史资料。而那些胜利的“大海盗”继续驰骋海上、发家致富、扬名立万。他们之所以取得胜利，完全是因为他们有综合性能力。也就是说，他们反“专业化”之道而行之，他们是“专家”的相对面。“大海盗”们精通天文导航、风暴气象、海洋学、船舶科学、经济学、生物学、地理、历史和其他科学，也擅长与人打交道，懂得管理。他们的预测策略范围越宽，时效越长，他们就越成功。

但是，这些“大海盗”即使再强悍、精壮、博闻强识、足智多谋，偶尔也得打个瞌睡、歇个觉，因此他们意识到必须在身边配备一群超级忠诚的部下。这些部下最好肌肉发达、头脑迟钝，而且目不识丁，这样便看不出也领会不了精明主子的谋略和意图。部下头脑越迟钝，“大海盗”们越安全。只有聪明人才有可能图谋取代“大海盗”。因此，“大海盗”们把“保密”作为头号战略。只要其他“大海盗”不知道你的目的地，不了解你的往返行程，他们就无法采取伏击行动。例如，当你海上寻宝两年，身心疲惫地满载而归时，若是别人得知你到港靠岸的时间，他们就会在几艘小船里放置“定时炸弹”，于黑暗中对你发动围攻袭击。因此，世界各地的港口码头上不断发生抢劫或二次抢劫。总之，“大海盗”要成功守财，必须保密。结果，我们今天对“大海盗”的生活知之甚少。

达·芬奇头脑聪明、深谋远虑，是设计科学家的典范。他获得米兰公爵的资金赞助，不断设计出各种加固防御工事、军用武器及民用生产工具。其他各大军事强权也都拥有各自的综合性设计科学家、艺术家兼发明家，如米开朗琪罗。

很多人会发问：“为什么今天没有这种人了？”如果你认为今天不会再出现“达·芬奇”，那你就大错特错了。在达·芬奇和伽利略的时代，数学由零起步，突飞猛进，不仅极大地改进了造船科技，也大幅提高了导航安全性。随后才开始了真正意义上的大规模海上冒险。那些有权有势的“大海盗”领袖兼金主，命令他们属下的“达·芬奇”们投入工作，首要任务是为自己设计建造一批功能强大的新式船舶，以期开启环球之旅。接下来，“大海盗”登上环球舰船出海远航。他带上了“达·芬奇”和“魔法师梅林”[5]，目的是让他们在旅程中继续工作，发明出更高效的工具，制定出更强大的战略；“大海盗”希望在“达·芬

5 译注：魔法师梅林（Merlin Ambrosius）是英格兰亚瑟王传说中的人物，法术神奇，道行高深，能预知未来。

奇”们的辅佐下，击败其他“大海盗”，成为世界之王，占有全球的人力与财富。“大海盗”欲成就海上霸业就必须确保机密，因此，“达·芬奇”们被隐藏到幕后，不为公众所知，不闻于传奇逸事，不见于历史记载。

“达·芬奇”们以海为家，最终当上了船长、舰队上将或海军造船厂总指挥，负责设计和建造船队；“达·芬奇”们也有可能进入海军学院执教，负责为“大海盗”制定、完善下个世纪的综合性全球战略。新世纪全球战略不仅包括安排航运任务、制定全球航线网络，而且包括创建船舶工业（设计、建造和维修），在全球范围内建设与之配套的采矿业及海军基地。这种达·芬奇式的规划堪称今天大型全球工业化的鼻祖。为了管理物流，“大海盗”们开始建造铁皮蒸汽船，修建炼钢高炉，铺设铁轨。此时，“达·芬奇”们忽然出现，化身为诸如特尔福德[6]之类的卓越工程师，成功建造了遍布英国的铁路、隧道和桥梁，以及世界上第一艘蒸汽轮船。

看到这里，你可能会问：“原来你说的就是大英帝国？”让我告诉你：“不是。”所谓的“大英帝国”

6　译注：特尔福德（Thomas Telford，1757—1834），苏格兰土木工程师，曾任英国土木工程师学会第一任会长，负责建设了英国无数路桥隧道，享有盛誉。

其实是全世界的误解，误解了世界的真正主宰是谁。“大英帝国”的说法也揭示出普通民众对“大海盗”的幕后统治一无所知，社会大众不知道是“大海盗”操纵着各个地方政府及其首脑，通过他们掌控、统治着全世界。各地政治貌似各有差异，但实质相同，仅仅在内部民主程序上存在着这样或那样无关痛痒的区别。我们在下文中很快会看到，英伦三岛虽然远离欧洲大陆，偏安一隅，却造就了一支英勇的无敌舰队，建起多处海军基地，从而控制了欧洲的所有大港。然而，英伦三岛不过是顶级“大海盗”的囊中之物。既然“大海盗”负责为英国人建造、维护并供给舰队，他们也就趁机假借英王之命，征召或强行征召英国本土人民，顺理成章地组织起舰队。世界各地的人们看到无敌舰队成员全是英国岛民，便想当然地认为舰队属于大英帝国，误以为是英国人野心勃勃，企图征服世界，却不知道真正的幕后主使是“大海盗”。“大海盗”成功地瞒天过海。事实上，英伦三岛的人民从不曾野心勃勃地妄图出征海上、一统天下。全体英国人只不过受了顶级“大海盗”的摆布。当英国人听说自己的国家已称霸世界，便应声欢呼罢了。

那些听命于最高级别“大海盗”的“达·芬奇”，潜心制定长远规划，埋头研究前瞻性发明；在这个过程中，他们发现夺取海洋控制权的大型战略，在实践中证明了多艘舰船的战斗力优于单艘舰船。于是，聪明的“达·芬奇”们组建了海军部队。当然，随之而来的就是对所有资源（包括矿藏、森林和土地）的供给进行控制；控制了资源供给，他们才能安心造船，发展船舶工业，以保障其海军舰艇的制造、供应和维护。

随后“大海盗”们制定出一项重要战略：分而攻之。在战斗中，力求拆散瓦解对方的舰队，或者趁对方有几艘舰艇上岸修理而势单力薄的时机，出手攻击。除此之外，“大海盗”们还有第二项重要战略：预见性地分而攻之。“预见性地分而攻之”着眼于出其不意，打得对方措手不及，其威力远远超过“延迟性地分而攻之”。那些世界顶尖的“大海盗”早已明白凡夫俗子无足轻重，有可能图谋夺权者，唯有聪明人。于是，“大海盗”决定运用“预见性地分而攻之”的战略，综合解决问题，彻底消除隐患。

“大海盗”环游世界各地，或是占领征服，或是上岸交易。每到一地，他都会精心挑选一名最强健勇猛的本地壮汉，任命其为当地头领。受到“大海盗”青睐的壮汉就成为“大海盗”分派在各地的总管领导。如果地方总管尚未起心动念，“大海盗”还会授意他自命为王。尽管在私底下，地方总管是臣服于“大海盗”的，但是在“大海盗”的许可和指使下，他会在台面上向全体臣民宣称自己乃一方霸主——神选之人。为了确保控制权，“大海盗”对地方总管有求必应，任其索取必需物资。地方总管的黄金王冠越是堂皇耀眼、珠光宝气，王宫和城堡越是雄伟壮观，他的“大海盗”主子就越是隐秘、不为人知。

地方总管遍布全球，“大海盗”给他们郑重交代了一项任务：“你们留点神，但凡发现机智聪明的年轻人，统统报告给我。咱们需要人才。”因此，“大海盗”每视察一地，地方总管都会上报一张名单，名单上列出的青年均锐气四射、才华横溢，是本地青年中的佼佼者。“大海盗”就会跟国王（地方总管）说：“好吧，你去召见他们，跟他们训话。他们依次上殿觐见时，你告诉第一个青年，‘小伙子，你非常聪明。我决定为你安排一位历史老师，他满腹经纶、学识渊博。待你学成，如果你能通过由老师与我出题的多门考试，我将任命你为皇家史官’。”当下一位青年才俊上殿觐见时，国王只需要换个官衔，告诉他说：“我将任命你为皇家财务大臣。”以此类推。最后，“大海盗”告诫国王：“训话结束前，你务必警告他们——所有人各管各的事，不许刺探别人的业务，违者格杀勿论。我一个人负责全局就行了。”

这就是学校的起源，其雏形即皇家私塾。希望读者们明白我并不是在开玩笑。事实如此。这就是中小学校、高等院校和专门科研机构的起源。当然，要建立一整套学校系统，就必须招募优秀教师，为师生提供衣食住行保障，其耗资巨大，还需动用大量人力。只有以“大海盗”为幕后推手的“强盗资本家”有如此雄厚财力，并乐于投资教育。一旦青年才俊被培养成了专家，便可壮大本地国王的智囊团队，促进该国强势崛起，称霸陆上。这样，“大海盗”作为幕后主宰，便能占据极大的隐蔽优势，积极投入与其他“大海盗”的全球竞争。

虽然表面包装华丽，但“专业化”本质上是一种奴役。“专家”虽被奴役却沾沾自喜，因其身居高位，既享有终身职位、丰厚稳定的收入，又有文化教养。然而，国王却不会把他的继承人培养成专家，王子必须接受以“全国”为思维单位的全面训练。

总之，宏大的全球视角和更宏大的宇宙视角成为“大海盗”们的专利，他们对天方四角、天下一平的本地视角不屑一顾；本地视角狭隘有限，知识范围仅限于单个帝国（或王国），足不出“国”就能学习和掌握。唯有“大海盗”们心怀全球，了解所有的资源，唯有他们懂得导航、造船和驾驶技艺，也唯有他们洞悉宏大的物流战略，掌握相当隐蔽的国际信息交流和贸易平衡技巧——这是本地视角无法察觉的。有了这一身本领，套用赌徒行话来说，顶级“大海盗”就成了“庄家”，“坐庄”则必赢。

Chapter 3

进化的本质

有这么一批“外海盗”，他们凭借全新思维带来科技创新，实力空前强大。因此，他们悍然向“内海盗”发起挑战，于是爆发了第一次世界大战。“外海盗”采用无形无影的电子科技和化学科技，从海上和水下同时发动攻击。“内海盗”措手不及，疲于应对。为了自保自救，“内海盗”不得不放松控制，允许属下科学家自主投入未知领域，开展科学研究。结果，“大海盗”出于自救，使得原先由他们严格把持着的大规模工业物流供应战略，被科学家应用到了电磁频谱领域，该领域广袤无边、深不可测，而“大海盗”对此完全外行，一无所知。

第一次世界大战之前，“大海盗”们已经凭借其超常敏锐的头脑统治了全世界。他们独立思考，凡事自主判断，不听信他人。他们只相信自己看到、摸到或嗅到的东西。然而，“大海盗”们看不见电磁波的世界。科技从有线提升到了无线，从有轨发展成了无轨，从有管式进化为无管式，而人类掌握的力量和优势从有形物质转移到了无形结构上，如各种合金的化学结构和各种电磁技术。

第一次世界大战结束后，“大海盗”们摸不着头脑，对于工业领域的科学前沿，他们不明白是怎么回事。于是，“大海盗”们委托专家进行调查研究，试图答疑解惑。这时，“大海盗”只能获取来自专家的二手信息，因为“大海盗”自己无法对其准确性做出正确判断，所以他们被迫主观评断这位专家或那位专家究竟是否真正懂行、是否值得信赖，再据此对其提供的专业信息做出相应判断。自此，“大海盗”失掉了主宰地位。这便是“大海盗”时代的终结。“大海盗”从此绝迹于世。因为“大海盗”们向来暗地行事，秘而不宣，所以此刻当然也不会跳出来宣布自己退出历史舞台。而社会大众本来就对“大海盗”闻所未闻，一向误以为本地的国王大臣或政治首脑是真正领袖，因此整个人类社会都不了解“大海盗”，过去不知道，现在仍然不知道。没有人知道过去是“大海盗”在控制和管理全世界，也没有人知道“大海盗”已经消失绝迹。

虽然“大海盗”不复存在，但是今天，无论在资本主义国家还是在社会主义国家，所有的国际贸易平衡体系、货币评级体系及经济核算体系都仍在沿用“大海盗”发明与推广的术语和概念，都严格遵守“大海盗”创立起来的规则秩序和价值体系。“大海盗”的势力范围被瓜分了，尽管各地领袖也很强悍铁腕，但再也没有任何一个政府、宗教或企业能像“大海盗”那样，在物质和精神两个层面上掌握整个世界的命脉。

各种古老宗教和各种新生的政治或科学的意识形

态之间冲突不断，局面混乱。这些宗教或意识形态都已在相当程度上被物化（附有大量实体投资和专属设施），足以抵消任何形而上的积极意义。将来，能够一统天下的只可能是一种物质上完好健全、精神上公正诚信的新型思想力量。这种思想力量很可能会由绝对客观的计算机方案总结得出。只有计算机的超人能力可以让所有政治、科学和宗教领袖甘拜下风，一致默许。

当爱因斯坦这位智者写下质能方程式$E=mc^2$并破解其义时，亚伯拉罕·林肯的理想“正义战胜权势”方才实现。这意味着思想对物质做出了判断并掌握了它。从经验来看，这种关系似乎不可逆。也就是说，能量不可能理解人类思想，也不可能写出“人类思想方程”。质能方程不可动摇。人类思想已显示出治理物质的力量。

这就是地球号太空船上的人类进化之本质。如果今天的人类无法理解进化的必然趋势，不能学习掌握如何发挥“思想”的功能，即以思想治理物质，那么地球号太空船将会终止航行。而地球作为茫茫宇宙的一员，它原本担负的任务也将由其他行星太空船来完成。其他行星太空船上的智慧生命，同样会获得“思想”的能力。

“大海盗”统治过世界。他们是最初也是最后的全球主宰者。他们是“世界人”。“大海盗”们命令各门学科的专家进行科学研究，在其成果基础上，采用实用主义手段进行统治，铁面无情，机智过人。最早是英国皇家科学学会的专家们发现了热力学第二“大”定律，提出了“熵”的概念。熵理论表明，所有的能量机器都在持续损失能量，最终将“消耗殆尽”。在光速测定之前，人们错误地认为宇宙也是能量机器，因而也终将“耗尽”。因此人们也错误地认为，能量资源和生命保障系统同样处于持续消耗的过程当中。这导致了人们对待“能量消耗”的错误态度。

接下来是人口专家托马斯·马尔萨斯（Thomas Malthus），他是一位政治经济学教授，执教于“大海盗”统治下的东印度公司学院。马尔萨斯指出，人口以几何速度增长，而粮食仅以算术速度增加。三十五年后，生物专家查尔斯·达尔文出场了。达尔文的生物进化论提出了“优胜劣汰”的生存法则。

于是，在“大海盗”看来，科学事实摆在眼前：地球资源不足以供给全人类生存，甚至不够1%的人口维持正常生活水平。而根据熵理论，能源不足的现象只会日益加剧。因此，“大海盗”得出结论，生存无疑是一场残酷的战争，无望胜出。因为“大海盗”在专业上对其下属的科学家（智力仆役）坚信不疑，所以他们把这一套“马尔萨斯—达尔文—熵理论”视作绝对真理，以此作为统治世界的理论基础。

之后又出现了实用主义大思想家马克思，他对这一套“马尔萨斯—达尔文—熵理论”提出了疑问。他指出：“可以这么说，生产线上的工人阶级才是‘适者’，因为只有他们掌握着生产的实际操作，因此，他们最应该‘生存’。”这就是著名的“阶级斗争”的发端。“大海盗”和马克思主义者是两个极端，世上其他所有的意识形态理论都介乎这两者之间。但是，无论分歧何在，所有意识形态理论都以资源不足为前提。此外，资源不足也一直是全球各国主张国家主权的合理化前提。现代科学发现，只有彻底消除各国的主权壁垒，全人类才能获取和共享充足资源。这样，以“你死我活”为基本前提的种种阶级斗争理论从此消亡。

现在，让我们从科学视角来深入探究一下“消亡”是怎样形成的。大约十年前，美国科学促进会年会在费城召开，大会分成许多议题小组，所有小组都宣读了两篇论文：一篇是人类学研究论文，另一篇是生物学研究论文。虽然两位科学家事先并未知悉对方的研究项目，两份研究成果却密切相关。人类学论文对所有目前已知的消亡人类部落的历史进行调查研究，生物学论文对所有目前已知的消亡生物物种的历史进行调查研究。两篇论文的意图都在于探求消亡的主要原因，也分别得出了结论。两篇论文在费城年会上碰巧同时亮相，人们才发现原来它们结论相同。根据这两份研究，历史上人类部落的消亡与生物物种的消亡都可归因于过度专业化。这是怎么回事呢?

以培育马匹为例，我们通过人工配种，让快马近亲繁殖，集中父系和母系的某些优势基因，就有可能培育出速度越来越快的赛马，使它们成为“赛跑专家”。然而，这样做会降低或消除马匹的普遍适应性。近亲繁殖和专业化倾向势必会削弱普遍适应性。

宇宙能量活动有个规律：无论何处何地，诸如地震之类的高能量事件发生的频率，比低能量事件发生的频率低得多。例如，以全球范围计，昆虫灾害往往比地震频繁得多。就总体进化规律来看，发生过无数次低能量事件后，总会爆发一次高能量事件。这种高能量事件极具破坏性，而那些过度专业化的生物物种因为缺乏普遍适应性，便会在此期间遭遇灭顶之灾。我来举个长喙鸟的经典案例。世界上出现过一种鸟类，专门以某几类特定的海洋微生物为食。这种鸟飞来飞去，逐渐在某些特定地点特定海岸附近的湿地聚居，因为那里盛产它们食用的海洋微生物。后来，这种鸟不再漫无目的地四处飞行，而是直奔海湾边的沼泽而去。过了一段时间，气候变冷，地球两极冰盖增厚，造成全球海水回落，沼泽干涸。这时，只有长喙的鸟才能将长喙探入深深的沼泽地洞，啄食海洋微生物。而短喙鸟们捕食不足，相继死亡。适者长喙鸟生存了下来。繁殖季节来临，周边环境里只剩下长喙鸟彼此交配，因而其后代的长喙基因更加强大。随着海水不断回落以及代代近亲繁殖，这种鸟的喙越来越长、越来越大。慢慢地，沼泽地内长喙鸟的数量日益增多，物种十分兴盛。忽然有一天，沼泽地里突发大火。长喙鸟因为长喙巨大，沉重不堪，早已失去飞翔能力，所以无法飞行逃离火海，只能摇摇摆摆地行走逃生，但行走速度太慢，结果全部葬身火海，长喙鸟就此灭绝。这就是一个由过度专业化导致生物消亡的典型案例。

如前文所述，第一次世界大战期间，“大海盗”开始放手让科学家们在科学领域自由驰骋。当时，“大海盗”全心计较于巨额财富得失，结果他们不仅放任科学家在广阔无垠的无形世界里尽情探索，还疏忽大意，抛弃了自己的综合性头脑，结果，他们自己变成了重度“专家”，沦为工业生产的赚钱机器。然后，1929年爆发的世界经济危机加速了“大海盗”的消亡。我们知道，社会大众从未知悉“大海盗”的存在，更不了解他们曾经一统天下。因此，1929年“大海盗”消亡绝迹时，人们也全然不知情。然而，全球各国人民同为经济危机所苦，备受煎熬。那以后，人类社会跟现在一样，几乎全部由各类“专业化仆役”及其家庭成员组成，专业分工为教育、管理、科学、行政办公、工艺制造、种植养殖和体力劳动等。从此，世界上再也没有“大海盗”了，再也没有人以综合、全面的视角来理解现实世界了。

虽然世界各国政治首脑不过充当了“大海盗”的傀儡，各国民众却一直误以为他们是真正的领袖。经济危机爆发后，各国百姓向政治首脑们请命，希望他们挽救工业，恢复经济。现代工业本身理应是全球协调的，但若干国家首脑各行其是，企图独挑大梁，各自采取行动扭转全球经济形势，造成了20世纪20年代和30年代爆发经济危机的恶果。各行其是导致全球资源不能整合为一体。各国政治首脑分别根据各自奉行的意识形态制定国策，但各国立场分歧，意见相左，加之以资源匮乏，不堪其用，结果不可避免地导致了第二次世界大战。

政治家们的立场具有偏向性，各自致力于捍卫和加强本国优势。他们全都信奉“马尔萨斯—达尔文—熵理论”，以“你死我活”的生存斗争为信条。由于大家都相信“资源不足以供应所有人”那一套说法，某些激进强悍的政治领袖便发动战争，侵略其他国家和地区，企图采用大屠杀和饿死老年人等残忍手段，消灭过剩人口。这样，不论在什么意识形态统治下，人类社会在世界尺度上彻底专业化了。全世界各大意识形态群体都相信世界末日之说。

人类对假想中的世界末日严阵以待，将全部的应用科学和高超的专业化能力运用到武器开发中，甚至制造出自我毁灭的工具，唯独忘记应该利用综合组织协调的思想力量展开自救，阻止自我毁灭。到了1946年，我们已经踏上了自我消亡的快速通道。联合国虽然成立了，却没有哪个主权国家实际听命于它。突然之间，在全社会还茫然无知时，一种具有进化意义的抗体横空出世，它将会拯救因患“专业化”绝症而走向灭亡的人类，这种抗体就是计算机。无论在实际生产方面还是在控制管理方面，计算机的全面自动化能力都让人类相形见绌，自愧弗如。计算机的出现太及时了。

计算机可谓超级专家，它能够持之以恒，夜以继日，以超级恒定的均速重复作业，譬如把混作一团的蓝色与粉色分离开来。计算机还能够进入人类无法存活的极度低温环境或极度高温环境去工作。人类作为专家，将彻底被计算机取代。这样，人类被迫重新发掘、运用并享受他们与生俱来的“综合性能力”。摆在全人类面前的任务是如何继续驾驶地球号太空船在宇宙中安全航行。显然，进化赋予人类宏大使命，绝非充当一台台肌肉反射机器或一群自动化机器奴役那么简单。

进化过程包含了许多突破性的大事件，它们暗自发生，不以人类意志为转移。人类出于虚荣，总将其中的好事归功于己，而与所有的坏事撇清干系。但事实上，所有的进化大事件，不管好事坏事，都超越了人类的能力，不是人类能左右的。

你们当中没有人会有意识地仔细研究每天午餐吃进肚子里的鱼块和土豆如何进入这个或那个特定腺体，而后长出头发和皮肤，诸如此类。没有人会清楚地意识到自己是如何从3公斤长到30公斤、80公斤的。而我们拯救地球的行动中有很多相关因素和事件都是自动发生、自然而然的，由于地球危机形势紧迫，我希望大家立刻认清这一事实。

虽然人类的进化规律超越了我们自发的认知范围，但现在不妨让我们竭尽全部脑力来试图理解进化模式。首先，我们可能会注意到当前出现了学科交叉的进化趋势，这与现行教育系统相对立，与科学领域内蓄意加强的高度专业化相对立。这种趋势最早出现在第二次世界大战之初，当时，许多先进的新型科研设备已纷纷问世，生物学家、化学家和物理学家们受邀齐聚华盛顿特区，共同研讨特殊的战争任务。此前，生物学家一心研究“细胞”，化学家专心钻研

“分子”，而物理学家的精力集中在“原子”上。但借此机缘，科学家们发现了不同学科之间可以相互交叉、融合和渗透，从而带来了全新而高效的研究思路和研究手段。一时之间，所有专家突然视野大开，原子、分子和细胞全都成为研究对象了。他们发现学科专业之间并无真正分野。尽管科学家们并非有意为之，但所有学科专业很快便开始整合与交融了。究其本源，这体现了进化的力量势不可当。因此，从第二次世界大战开始，科学领域涌现出形形色色的新型学科，如生物化学、生物物理等。科学家们实属被迫无奈。他们主观上对“专业化”恪守不渝，客观上却渐渐融入其他领域，科研项目也逐步包罗万象。终于，被故意引入“专业化”歧途的人们又不知不觉地掉头回归，再次开始运用与生俱来的综合能力。

总而言之，人类必须让自己从虚荣、短视、偏见和无知中挣脱出来。对于普遍进化，我们应该换一种新的思维方式。我常听人们念叨：“真不知道坐在宇宙飞船上是什么样的感觉。”其实很简单，是什么样的感觉呢？就是你我此时此刻的体验。知道吗？我们都是宇航员。

我知道你肯定不会立刻点头称是。你不会说：“对，没错，我是宇航员。”我也敢肯定，你感觉不到自己正坐在太空飞船里面。但这可是千真万确的！这艘了不起的飞船就是我们球形的“地球号太空船”。地球是一颗球体，你却只看见了它的一小部分。20世纪以前，人们终其一生，只能看见地球表面的百万分之一。比起前人，你已经是见识广博了。假如你是一位国际航线的资深飞行员，那你可能见过地球表面的百分之一。但即使是飞行员，仍然很难直观感受到地球是一个球体，除非是美国航空航天局的宇航员从太空瞭望地球。

Chapter 4

地球号太空船

我们的地球号太空船（地球）直径仅为12742千米，置身于浩瀚太空，这一尺度渺小得几乎可以忽略不计。我们的太阳号母船（太阳）是距离我们最近的恒星，也是我们的能量来源。日地平均距离约为14960万千米。而距太阳系最近的恒星，更是远在10万倍距离之外。如果把太阳以外的最近恒星[7]作为地球的下一艘能源供应母船，那么光线从该恒星到达地球大约需要两年半。这就是我们宇宙航行的空间格局。我们的地球号现在约以108000千米/小时的速度围绕太阳旋转；同时自转，以华盛顿所在的纬度计，转速约1600千米/小时。我们生活在地球上，每分钟自转160千米，公转1600千米。真是“转”得不亦乐乎啊！火箭发射时，约以24000千米/小时的速度推进，额外的增速使它进入绕地轨道运行，而该速度增量仅比我们地球号太空船的转速快了四分之一。

地球号太空船的设计制造是如此高明和完善，就我们所知，它已经供人类乘坐了两百万年，尽管人类毫无察觉。我们的飞船设计最高明之处在于“自给自足”，也就是说，尽管随着熵的增大，所有本地物质系统的能量会持续递减，但地球仍然能够维持生命繁

7 太阳以外的最近恒星被认为是比邻星（Proxima Centauri），距地球约4.2光年，是日地距离的268000倍。《离地球最近的恒星》，见《诺顿2000.0（第18版）》，英国朗曼出版集团，1989年。

衍。来自太阳号母船的能量补给，保障地球号太空船生生不息。

为了保护乘客的生命安全，地球号太空船的设计方案堪称完美。在浩瀚的银河系内，我们有太阳陪伴，距离适中，不远不近；太阳既能向地球提供足够的辐射，维持生命，又不至于太近而把生命统统烧毁。比如范艾伦辐射带，过去我们对此一无所知，直到最近才发现其存在。范艾伦辐射带能俘获来自太阳和其他天体的高能粒子，滤除大量高能辐射。假如没有范艾伦辐射带的保护，人类和其他地球生物都会因辐射过度而死。地球号精心设计了恒星辐射能量的输入量，并做了适当处理，使人类得以安全存活。不过，你我虽然可以走出户外，晒个日光浴，却无法通过皮肤直接吸收生存所需的能量。因此，为了满足地球生物的生存需求，地球号又设计发明出了“光合作用”：陆地植物与海洋藻类都能吸收阳光，从而转换、储存和传递能量，为其他生命体提供足够的再生能源。

但是，并非地球上的所有植物都可食用。事实上，可食用的植物种类很少。树干、树皮和草也都无法食用。幸好，有昆虫和其他许多动物以之为食。动物以植物为食。而我们人类通过饮用牛奶、食用肉类获得能量。此外，人类还可食用某些植物的果实、种子及柔嫩的花瓣。今天，我们还能够通过同系繁殖技术培育出更多品种的可食用作物。

人类天赋异禀，有直觉，有智力。目前，我们已经发现了核糖核酸（RNA）和脱氧核糖核酸（DNA），发现了设计和控制生命系统的其他基本原则，发现了核能和物质分子化学结构的基本原则。地球号太空船及其设施、乘客和内部支持系统的设计方案是如此伟大，人类卓越非凡的智力天赋正是其设计内容的一部分。因此，我们会发现，迄今为止，人类为了生存繁衍，一直在误用、滥用并污染地球环境——我们的化学能量交换系统。我们的目的与手段相互对立。

有趣的是，我们的地球号太空船就好比一台机械车辆，就说是汽车吧。假如你拥有一辆汽车，你势必会定期加油和保养，你会给冷却水箱装满水，你会好好维护整辆车子。慢慢地，你会建立起一点儿热力学思维来。因为你明白，如果不认真保养这台机器，它就会出故障。然而，人类至今仍没有意识到我们必须把地球号太空船当作一台精密机器来看待。地球如同一台整体设计的飞行器，人类要想永久航行下去，必须全面理解和维护它。

那么问题来了：地球号太空船没有操作手册。为什么竟然没有一本说明书来指导我们如何驾驶飞船呢？我认为这值得深究。我们已经认识、了解、研究和分析过这艘飞船的诸多设计细节，最终结论是，地球号太空船是有意不提供操作手册的。目的何在？你看，由于没有操作手册的指导，人类被迫学习识别浆果，每当采摘食用之前，都必须判断“这是一种有营养的可食用红浆果，还是一种有毒致命的红浆果”，否则便会中毒身亡。这样一来，由于手中少了一本操作手册，人类不得不坚持使用大脑，运用智力，发挥我们高于众生的最大优势。没有操作手册，人类想方设法进行科学实验，并对实验成果做出有效的分析和总结。当人类面临生存危机，为了将幸福生活继续下去（物质生活舒适、精神生活愉快），人类就会不断寻找各种可能的解决方案，而由于没有操作手册，人类正在不断学习、进步，力求准确预测各种方案的结果。

毋庸置疑，所有生命在出生的那一刻都是完全无助的。但人类婴儿所经历的无助期比其他任何物种都要漫长。显然，人类设计方案的用意本就如此：人类必须在一段具有人类学意义的时期内，处于完全无助的状态。这样，随着他成长进步，生活逐步改善，他理应能够发现一些宇宙所固有的物质杠杆倍增效应，能够发现隐藏在周围环境中的各类资源，而这些发现又将增强其知识革新和生命维持之优势。

我发现，地球号太空船的总体设计方案设定了一个很高的安全系数。因为安全系数高，所以容许人类长期以来保持无知，直到我们积累了足够的经验，能够从中逐步总结出一整套系统化的普遍性原则，用于控制环境能量管理优势的增量。地球号太空船的操作手册原本应该向人类介绍如何驾驶飞船、如何操作飞船上复杂的生命维持与再生系统、如何进行维修、如何进行保养，但设计方案有意不提供操作手册，迫使人类反思，而后发现前进的动力何在。人类的智力必须进行自我发掘。与之相应的是，人类智力又不得不与实践经验相结合。运用智力对实践经验进行综合检验，便会从所有特例、个案和表面经验之中，总结归纳出其隐含的普遍性原则。我们应该客观运用这些总结出来的普遍性原则，对环境物质资源进行重新配置，才有可能使人类驾驶的地球号太空船成功回归正轨，并做好充分准备，以从容应对未来宇宙航行中会遇到的更多困难。

我们来看个小故事：很久很久以前，有个人徒步穿越树林。你可能有过这种体验，我也有过。他朝着目标方向走，想要抄一条近道。可是，树横七竖八地倒着，堵住了去路。这个人只好爬上爬下，翻过树堆。突然，他发现自己正踩在一根小树干上，树干正慢慢地像跷跷板那样上下晃动，树干碰巧架在旁边的一棵大树上，而树干的另一端被第三棵倒下的大树压住了。这个人摇摇晃晃地站着，忽然看见第三棵大树微微上移。他十分惊奇，觉得难以置信。于是，他爬过去，用力搬第三棵大树，但大树纹丝不动。他只好爬回第一棵小树的顶端，上下跳动。这时候他会意识到，原来是这根小树干撬动了那棵大树。我能想象，史上第一个发现这样一棵“杠杆”树的人肯定会敬之如神明，他多半会把树拖回家，竖立如碑，供奉为图腾——人类历史上的第一座图腾。或许要过很久，人们才会明白凡是结实的树干都能发挥“撬动”作用。人们接二连三地经历了许多次类似的意外事件，最终累积经验，总结出了杠杆原理。人类只有在学会概括物质世界的基本原则以后，才能学会有效地发挥智力优势。

一旦人类领悟到任何树干都可用作杠杆，他们的智力优势将会得到迅速提升。当人类学会发挥智力优势时，便能摆脱对个案的迷信。也就是说，学会了从无数的个案特例中总结规律。那时，人类的生存潜力便会增大几百万倍。凭借齿轮、滑轮、晶体管等杠杆原理的力量，人类就能运用许多物理与化学的科技手段，实现以少胜多。人类成功地发现、认识了普遍性原则，并加以客观运用，因而在生存和发展过程中，人类的智力不断增长。也许，这正是基督在面包和鱼的寓言里想要传达的谕示。

Chapter 5

普遍系统理论

我们如何发挥出更大的智力优势呢？人类的肌肉力量远远逊于动物，更遑论与龙卷风或原子弹抗衡。人类凭借智力优势破解了物质宇宙基本能量活动的普遍性原则之后，大无畏的天才们苦心钻研，制造出令人心惊胆战的原子弹。

我们在规划拯救地球的宏伟战略时，必须首先了解现实状况，也就是说，要知道目前我们的地球号在宇宙进化过程中行进到了什么位置。而在为地球号太空船进行导航定位之前，我们首先又必须认识到：尽管有史以来，人类对资源危机一直毫无认知，但迄今为止，地球上即时可用的、备受欢迎的或极其必要的资源都处于充足状态。不过，所有的资源终将耗尽，现在正处于关键时刻。地球资源至今充足，这显然为人类的生存发展提供了缓冲容错空间，犹如鸟蛋内存储着营养液，供给胚胎生长所需，直至雏鸟长成，自带营养便会耗尽。此时，为了觅食，雏鸟开始啄壳，最终破壳而出。小鸟走出它生命最初的庇护所，蹒跚振翅，四处觅食，进入生命的新阶段。

我个人认为，今天人类正处于刚刚破壳而出的那一刻。那些用于维持生命的保障性营养储备已经消耗殆尽。人类即将与宇宙形成全新的关系。人类必须展开智力的羽翼，不飞翔即消亡。也就是说，时不我待，人类必须立刻摆脱过去的认识和习惯，努力探索普遍性的宇宙定律，勇敢地走出“蛋壳”的保护，大胆学飞。当我们运用脑力积极思考的时候，我们综合理解的内在驱动器便会立刻启动。

建筑师和规划师，尤其是规划师，虽然名为专家，但其职业视野比别的专家更广阔一些。同时，身为人类群体的一员，他们经常要与各路专家所固有的狭隘观念斗争，尤其是甲方，包括政治首脑和“大海盗”的继承人。“大海盗”已然故去，不复存在，他们的后任虽然继承了财产和法律地位，却并未承袭“大海盗”独有的综合性思维力量。相比之下，规划师至少懂得放眼整座城市，不局限于管中窥豹，他们的视野绝不限于一房一屋。因此，我认为我们都应该承担起规划师的职责，运用我们所具有的最大限度的综合性思维。

第一步，我们必须避开专家。我们应该致力于扩展思维，避免收缩思维。我们应该不断发问：“怎样才能形成整体思维？”思想越宏大，力量就越持久。那么，我们必须自问：“思想最大能大到哪里？”

现代以来，人类智力体现其高级优势的一大利器就是不断发展的所谓普遍系统理论。把握这一利器，我们就可以采取科学手段，规划并建立许多大规模的、全面的系统。现在，我们来着手清点一下有助于解决问题的所有重要的已知变量。但是，如果我们不确定思想最大能够大到什么程度，我们所列的变量清单就很可能不够大、不够全面，我们可能会遗漏某些未知的关键变量，而这些未知变量将在未来继续烦扰我们。然而，如果我们主观武断地列出变量清单，划定系统边界，系统内外的未知变量相互作用，则有可能将我们引入歧途或导致南辕北辙。因此，如果我们希望找到行之有效的解决方案，就必须在人类智力极限内和在实践出真知的范围内，同时从最宏大和最微小的两个层面进行思考。

那么，宇宙究竟是什么？于此，我们的思考与阐述是否充分、准确？不难推论出，宇宙是最大的系统。如果我们能从宇宙这个系统开始研究，就能够自动避免遗漏任何战略性的关键变量。有史以来，没有记载表明人类以科学手段综合性地对宇宙做出过精确的解释，把所有非同时发生且仅部分重叠的、微观与宏观的、随时随地处于恒变状态的、物质上和精神上的、全互补但非恒等同的宇宙事件尽数囊括，无一遗漏。

迄今为止，人类专家们从未成功地确定物质微观粒子的分割极限，也就是说，尚未探测到终极基本粒子。爱因斯坦的划时代成就表明，人类已经能够明确解释物质宇宙的含义，却仍然无法阐明精神宇宙（形而上学的宇宙）是什么。人类至今无法从物质和精神两个层面定义宇宙本身。科学家之所以能够解释物质宇宙，是因为他们通过实验验证了“能量守恒”——能量既不会凭空出现，也不会凭空消失，并且能量总和不变。这意味着能量可以传递和转换。

爱因斯坦的质能方程式$E=mc^2$成功地解释了物质宇宙的规律。但在裂变实验之前，质能方程一直停留在假设的层面上。物质宇宙包含种种相关和不相关的能量，形成一个非同时发生的封闭系统。从数学意义上看，所有的事件都是可测量、可称量、可转换的。但是，有限的物质宇宙并未把精神宇宙的体验包括在内，这些精神体验没有重量。所有不可称量的事物都没有重量，如我们脑中浮现的想法，又如抽象的数学。物质科学家们常常认为精神宇宙的存在与物质宇宙的“封闭系统”相抵触。然而，我将在下文谈到，宇宙是一个整体，包含物质与精神两个层面，其所有活动和特性都可以从科学上加以解释。

爱因斯坦及其他科学家都曾专门谈到物质宇宙，他们认为，物质宇宙是非同时发生且仅部分重叠的、全互补但非恒等同的、始终处于恒变状态的、可称量的能量事件的集合。爱丁顿把“科学”定义为“从经验事实中总结规律的严肃尝试”。爱因斯坦和其他许多一流科学家也指出，科学集中关注“经验事实”。

基于上述科学家的重要观点，我对宇宙（包括物质与精神两个层面）做出如下定义：宇宙是全人类对所有事件自觉认知与交流而形成的经验集合。这里所说的事件包括：所有非同时发生的、非恒等同的、仅部分重叠的、全互补的、可称量与不可称量的、始终处于恒变状态的事件。

所有的经验有始有终，因此都是有限的。人类所有的经验之所以是有限的，是因为我们的认知从物质、精神两方面都与时间增量和各自独立的有限性概念整合成了一体。人类的清醒状态和睡眠状态间隔发生，累积成时间增量。而诸如离散能量量子和原子核组成结构等概念则表明了基本物质的不连续性。物理实验发现，没有任何个体事件经验能集合形成连续性的三维立体或二维平面或一维线条——个体事件只会集合形成不连续的群组。有限事件的集合也是有限的。因此，根据我的实验性定义，宇宙在物质和精神两个层面上都是有限的。

因此，我们完全有可能着手建立一套全宇宙尺度的普遍系统模板，从而确保不遗漏任何一个战略变量。由此，我们可以得出一种名为“普遍系统分析”（General Systems Analysis，简称GSA）的实战大策略。GSA的运作有点类似于玩游戏“提问二十次”，但它更高效、更经济。不断淘汰错误答案，直到最终获取正确答案。这也正是计算机采用的步骤策略。

我们已经对整个系统做了充分解释，现在可以逐步展开去伪存真的分离操作。任何事件都可划分成两部分：有效部分和无效部分。无效部分不包含正确答案，于是舍弃。以此类推，不断地分离真伪，保留有效部分，舍弃无效部分。因为每一次分离都是对上一步骤保留下来的有效部分进行二进制的“是”或“非”选择，所以我们把每一次保留下来的有效部分称为“比特”。我们必须不断进行分离操作，直至获得正确答案。

那么，为了精准而清晰地把正确答案最终分离出来，我们要进行多少次“是非分离”才能消除所有无效信息？我们发现，首先必须把全宇宙划分成许多所谓的“系统”。有了系统的概念，我们就可以把宇宙划分为两部分：“系统外宇宙”（宏观世界）与“系统内宇宙”（微观世界），系统内宇宙包括系统本身。系统的概念不仅可以把宇宙分成宏观和微观两部分，恰巧也把宇宙分成了概念性宇宙与非概念性宇宙。也就是说，一方面是重叠相关的因素，另一方面是所有波长频率全然不同步的不相关、不重复考量和不同时变化的事件。

一个想法就是一个系统，其本质上是概念性的，但在人们最初意识到它的时候，它只是一次能依稀描述的思想活动，往往只是模模糊糊、不甚清晰的概念。宇宙总体并非同时发生，因此也不是概念性的。概念性由于隔离而产生，好比我们从一段电影的连续图像中单独截取出一张静态画面。宇宙就像永远处于进化当中的场景，没有开端，也不会终止。已发生的事件 A 不断产生化学变化，拍成新影片，而新想法不断涌现，最新想法在实现过程中不断自我重组，因此，事件 A 的新影片又不断经历二次曝光。每当二次曝光，事件 A 便不断产生、形成新的含义，不断改写新影片对事件的描述，直到进入下一个投影相位，才把这段影片再次剪接进去。

海森堡的“非决定论”原则指出，测量的行为本身会改变测量对象，因此经验处于一种连续不重复的进化状态。一张毛毛虫的图片无法表现出毛毛虫是如何转变成蝴蝶的。“宇宙之外是什么样的？”这个问题毫无意义，因为它要我们用一张单一的图片来描述一个变化的过程。就好比说，你指着一本字典问道：“这本字典是什么单词？”这就是个伪命题。

所有的思考，即所有的系统构想都有这样的特征：所有思想交流的路线必须双向循环返回自身，如同大大小小的圆圈环绕在球体的周围。这样我们才能将经验关联起来，并以此来理解作为研究对象的经验集合（或系统）。这样我们才能理解如何通过研究特例推而广之，总结出普遍性原则。例如，作为研究对象的特定系统表现出特定的秩序模式，而人类从中揭示出了物质宇宙的能量守恒定律。

猎人射击飞行中的鸭子，不会瞄准此刻鸭子的位置，而是瞄准鸭子的前方位置，这样，他开枪后，子弹才会击中鸭子。在开枪的瞬间，如果将猎人与鸭子的所在位置做一条连线，则鸭子中弹的位置不会在这条线上。重力和风力也会分别作用于子弹，施力方向不同，最终导致子弹的飞行路径形成一条平缓的螺旋状轨迹。第二次世界大战期间，夜间空战时，两架战斗机互射曳光弹，当其中一方击中另一方时，从第三架飞机上拍摄的照片清晰地显示出曳光弹的螺旋状轨迹。爱因斯坦和印度数学家雷曼将此轨迹命名为"测地线"（或称"大地线""短程线"）。测地线是弯曲空间中两个独立运动物体之间的最短路径。上述空战案例中，两个运动物体即两架战斗机。

球的大圆是指通过球心的平面与球体相交而形成的圆，其圆心与球心重合。球的次圆是指不通过球心的平面与球体相交而形成的圆。大圆与次圆相交，形成两个交点A和B。大圆上AB段弧线的长度比所有次圆上AB段弧线的长度都短。因为在球面上的任意两点之间以大圆的距离最短（最经济、最节能、最省力），所以大圆是一条测地线。大自然总是遵循最经济有效的原则，因此在地球上航行应该采用大圆的路径，而不是螺旋线，螺旋线是返回自身原点的测地线。人类的思想结构是自发的，因而也是最经济的——测地线式的，因此，所有系统的路径都必须在拓扑结构和循环上相互关联，这样才能保证概念明确、局部可转换、多方可理解，才能被人类领悟。

思考这一行为本身包括在宏观和微观两个层面上自我训练，消除无关内容，最终留下明确相关的因素。宏观上无关是指所有规模太大、发生频率太低的事件，我们无论如何也无法在思考（consideration，这是个美丽的字眼，本义是群星荟萃）上与之同步。微观上无关是指所有尺度太小、发生频率太高的事件，我们无论如何也无法进行区隔和分解，无法在思考上与之同步。

如前文所述，我将宇宙定义为：在物质与精神两个层面上，全人类对所有事件自觉认知与交流而形成的经验集合。那么，我们从宇宙整体开始，需要经过多少个消除无关性的阶段，或者说，需要经过多少次“比特”运算，才能最终识别所研究星群中所有恒星测地线的相互联系？这应该由公式计算得出，其中n即研究对象中的恒星数目。

所谓“理解”是指确定研究对象之间所有最为独

特高效的相互关系。

于是，我们可以列出如下公式：

$$理解=\frac{n^2-n}{2}$$

这种思维过程运用了数理逻辑，包含拓扑结构及矢量几何。我把拓扑结构与矢量几何的组合称为“协同效应”，我将在后文中对该名词进行深入探讨。在我的演讲中，我问过许多观众是否懂得“协同效应”，我发现300个人当中只有一个人表示了解这个词。显然，这个词很不通俗易懂。协同效应是指系统整体的运转效能不等于系统各组成部分的运转效能简单相加的总和，“Synergy”是唯一可用于表达上述不等同关系的英语单词。例如，趾甲内的化学作用无法预示整个身体的存在。

我问过美国国家高中荣誉生会化学专业的听众：“你们中间有多少人了解‘协同效应’这个词？”所有人都举起了手。协同效应是化学反应的本质。例如，铬镍钢的拉伸强度大约是350000psi，比其所含各成分的拉伸强度的总和高出100000psi。可以说，铬镍钢如同一根由各金属链环连成的链条，该链条的总体强度比各链环强度的总和高出40%。人们通常认为，整根链条的总强度不高于其最薄弱的链环。这一观点忽视了下述两种可能情况：一种是，有这样一根链条，各链环具有全等强度，而且可在原子级上进行自我更新，链环与链环之间无穷连接，那么该链条不存在“最薄弱”的链环；另一种是，各链环都可不断更新，链环与链环万向连接，形成网状矩阵，因为所有链环都是高频、再生且能断裂、重组的，所以当链条中的某一链环发生断裂时，该链环只会暂时成为链条整体里的缺陷，并不影响网状矩阵的整体强度。

在英语里，“协同效应”是唯一可用来表达“整体运转效能不等同于其组成部分的运转效能简单加总”的词。这显然说明，人类社会并未认识到系统的整体效能不等于其组成部分的简单加总。这意味着全社会的正统观念和对他人的认知非常不足，因而无法理解“全面进化”的非概念性本质。

单就电子而言，它本身不可能预示质子的存在，地球或月球也无法预示太阳的存在。因为太阳系是协同作用的，无法由各组成部分进行预测。太阳号补给船为地球号太空船供应能量，月球引力导致地球海水的潮汐，所有这些相互作用共同造就了地球生物圈的化学环境，虽然不直接导致地球号飞船上的生命再生，但为之提供了必要条件。这些都是协同效应。地球上的绿色植物经光合作用释放氧气，但这也无法预示这些氧气将成为地球号飞船上所有动物不可或缺的生命支持要素，也无法预示动物呼吸所释放的二氧化碳将成为绿色植物必不可少的生命支持要素。宇宙是协同的。生命是协同的。

我到世界各地去演讲的时候，多次向在场的大学生听众提问。我发现，总计百余位的被访者中，对“协同效应”有所耳闻的不足三百分之一。而且，“协同效应”在英语中没有其他同义词。因此，我可以得出结论：显然，全世界的人们都没有认识到“协同效应”，没有想到系统各个组件的效能无法预示系统整体的效能。造成这种局面的部分原因是过度专业化，整体性综合思维被为数不多的“大海盗”暗中把持，而在台面上指手画脚的只不过是他们的傀儡（封建君王或当地政治首脑）。

我们从协同效应可以推导出这样一个必然结论：当系统整体效能已知，同时又有n个已知组成部分的效能已知，只要n满足最低要求，那么我们就可以推导获知其余组成部分的效能值。举例来说，我们已知三角形的内角和，现在如果我们又已知三角形6个组件（3条边和3个角）的其中3个，那么我们就能求出其他3项值来。拓扑学提供了协同方法，可用于推导确定任何经验系统的值。

拓扑学是研究事件集合的基本模式和结构关系的科学，由数学家欧拉创立并发展起来。欧拉发现，所有形状都可简化为三个基本概念：点（P）、线（L）、面（A）。其中，点由两条线相交而成，或同一条线与自身相交而成；面则由线围合而成。他指出，这三项基本元素之间存在下述关系，无法再化简：

$$P + A = L + 2$$

该等式表明：点的数目与面的数目之和，恒等于线的数目加上常数 2 。有的面可能会与其他面重合，因此，当多面体的面发生重合时，那些全等隐蔽的面必须采用数学公式分析出来。

随机性的内在秩序

n 事件数量	事件集合内部联系总数量最小值（或事件相互关系总数量最小值）的概念性示意图	r 事件相互关系总数量 $\frac{n^2-n}{2}=r$	事件相互关系总数量的最密集、最经济的对称式概念性布局
1		0	
2		1	
3		3	
4		6	
5		10	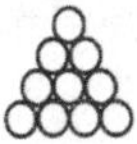
6		15	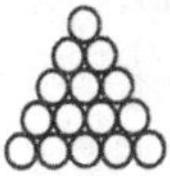
7		21	
7	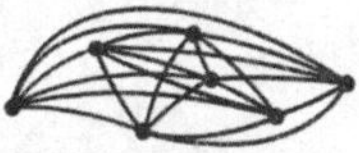 事件分布为任意形式，但同样数量的事件集合内部联系总数量最小值保持不变	21	

邻接关系总数量 $(n-1)^2$	最密积对称式布局的概念性示意图 注：呈菱形排列而非正方形	事件相互关系总数量的和恒为一个四面体数	n 事件数量
			1
0+1=1			2
1+3=4			3
3+6=9			4
6+10=16			5
10+15=25		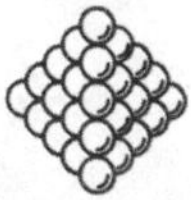	6
15+21=36		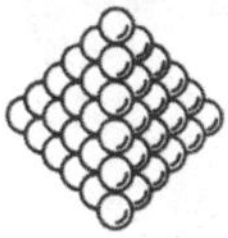	7
			7

Chapter 6

协同效应

有了这么一大堆高效强大的思考工具：拓扑结构、测地线、协同效应、普遍系统理论和计算机“比特”运算法则，现在让我们来着手解决当今世界面临的危机吧。首先，为了确保全部相关变量都能包括在内，我们的研究思考必须从“宇宙”开始。既然我们已经对宇宙做了充分解释，就可以确定我们研究思考的总体范围是宇宙。接下来，我们要提出研究课题，然后逐步消除所有微观和宏观的无关因素，最终获得解决方案。人类的存在是必要的吗？人类智力是不是生生不息的宇宙必不可少的元素，就像重力那样？对此，又是否存在经验性的证据？地球人如何履行自己的职能，避免“不适者淘汰”的命运？

第一步，我们应逐级细分宇宙，通过比特运算逐级消除无关性，逐步分离出有效观点。这样，我们获取的第一级比特是系统，系统最大可大到星光灿烂的宏观世界，最小可小到原子核；第二级比特从宏观世界缩小到了银河星云；第三级比特把宇宙辐射、重力和太阳系分离开来；第四级比特分离出了宇宙辐射、引力、太阳、地球及地球的卫星月球，地球号太空船携带着生命体，由太阳供应能量，而月球是这一生命再生系统中最引人注目的组成部分。

在太阳和其他宇宙射线的持续辐射下，地球号太空船的生命进化系统得以不断加油续航。在此，我要迅速列出一张系统变量清单，罗列出迄今为止我发现的对地球生命繁衍进化最具影响力的变量。这样，经过一系列正确的研究程序之后，便会突然发现我们为什么能够在宇宙中生存，我们也会欣喜地了解到人类目前正在驾驶地球号太空船，就在太空船上，安坐于球形舱板的某处，脑中正在积极思考着当前世界各地的事务，寻求最终如何让人类继续成功和快乐地在地球上生活下去的解决方案。这样一来，我们不仅会发现人类的根本任务所在，还会发现凭着直接主动性，人类将如何完成这一根本任务，如何坚守并维持下去。人类将听从宇宙的召唤，履行自己的宇宙职能，不受制于其他任何权威。切实可行、注重实际乃宇宙的最高准则。这样，我们便会避免此前遭遇过的种种挫折。例如，消极让步于无知群众的非协同性思维，也让步于由此导致的群众的无知反应。

全人类生存危机的次要问题是污染，不仅有空气污染和水污染，还有我们头脑里的信息污染，其后果之严重，业已超过了规划师的能力和权限范围，必须立刻解决。否则，恐怕不久以后，我们就得把“地球”改名叫“污球”（Poluto）了。其实，就改善生存环境而言，我们确已掌握了沉降处理烟雾粉尘的可行技术，然而，大伙儿却说：“不行，处理成本太高。”我们也已掌握了淡化海水的技术，但大伙儿也摇头："不行，处理成本太高。"生存危机不可避免且迫在眉睫，这种处处受成本限制的思维方式短视狭隘，是无法应对危机的。当人类没有了空气和水，会付出怎样惨痛的代价呢？人饿死要几个月，渴死要几个星期，而缺氧窒息只要几分钟。如果等到淡水资源消耗殆尽才紧急制作并安装除盐设备来淡化海水，用以供应全纽约市人口饮用，那就为时已晚了。纽约市一旦持续缺水，就可能导致数以百万计的人死亡。然而，每次险情一过，"成本太高"这句老话便又成了拦路虎，跳出来阻碍海水淡化处理的实践进程。

只要来过华盛顿的人（以及美国其他地方的人）都熟悉政府分配预算程序，也熟悉如何就公共议题推动公众认知、敦促政府做出决议的模式。但到头来，问题鲜有解决的原因不在于没有解决方案，而是当权者称"成本太高"；或者，当我们终于确认导致环境污染的根本原因，并立法完备、严阵以待时，却面临财政危机、资金匮乏，一时无力保障执法。一年之后，为此提交一项财政法案，但根据相应的政治标准，去年的环境污染治理法案就似乎显得"成本太高"了。因此，一个妥协接着一个妥协，结果，除了政治上的承诺或一套压缩预算的解决方案，什么实质保障也没有。法案的出台在一定程度上平息了众怒。政治首脑们顿觉压力减轻，而该法案实施力度不足的问题便被略过不提了。此时，其他看似压力更大、优先级更高、更急需资金的提案纷纷涌现，转移了公众的注意力。其中，战争需求最为迫切。于是，政治首脑们立刻全力投入军备采购和军事任务，其耗资之巨，超过他们此前宣称的财政额度许多倍。

战争突发时，巨额资金神秘出现，大量用于军费开支。和平时期，我们原本可以致力于提高生产力，以满足全世界人口的需求，从而阻止战争的发生。但如此合乎逻辑的事情，我们却宣称资金不足而放弃。然而，当生死攸关的资源争夺引发战争时，我们却总有充足的经费投入战争。这仅仅是因为表面上看起来，要为“穷人”或“穷国”创造和提供生存资源的成本太高。忽然之间，“富人”被迫进行自我防卫，他们不得不努力宣扬并创造一份生产性财富，其数额不仅比他们自己实际占有的财富高出许多倍，也比为卷入战争的“穷人”，甚至为全世界的“穷人”提供生活资源所需的财富高出许多倍。

面临任何生死攸关的危机时，宏观上足够综合与微观上足够精准的解决方案，永远不存在“成本太高”的问题。研制新型、高效的生产工具和工业网络，人类仅需投入时间，而当那些没有生命的新机器投入使用后，工业生产即刻事半功倍。可以说是零成本，只不过是把潜在的财富变现而已。说句老调重弹的话——到头来，我们会发现，如果一开始就对重要问题予以充分重视，则解决方案的成本最低。人类当前的生存危机是进化性的、不可阻挡的和无法避免的，但全球社会在对待成本问题上，要么一味搁置，要么拨款不足，这种敷衍的态度和拙劣的措施清楚地表明，人类至今没有了解什么是真正的财富、可用财富的总量有多少。

现在，我们从人类乘坐的地球号太空船的普遍系统里分离获得了一个主要变量。摆在我们面前的问题就是——“财富是什么”。

据《华尔街日报》报道，1967年9月至10月，国际货币基金组织（IMF）在巴西里约热内卢召开审议大会。这次大会的安排和召集耗费了数年时间、数百万美元，而最终大会的决议仅仅是各方勉强达成共识，认为是时候采取一些措施了。与会人士都感到国际收支平衡记录和黄金交易系统不足以胜任。他们决定继续维持“大海盗”时代的金本位制，但也许若干年后需要推出一些新“噱头”，实施一些改革，用以加强黄金的国际货币基础地位。

目前，在我们的地球号太空船上，已知黄金大约价值700亿美元，其中超过一半（大约400亿美元）被用作“货币”。也就是说，这部分黄金或是以金币形式在世界各国发行使用，或是以金条形式由各家银行官方储存。剩下的价值300亿美元的黄金则由私人储藏，或制成珠宝首饰、金牙等。

银行本身没有钱，只是从客户们的存款上赚取利息，因此银行的财富只包含应计收入。投资的平均回报率为5%。从全球年生产总值来估算，我们可以认为全球工业生产财富超过1000万亿美元。那么，全球700亿美元的黄金，仅占全球工业生产财富价值的很小一部分。黄金数量如此微不足道，用它来评估世界经济的发展总量，简直就像一种透过针眼看世界的巫术。

“大海盗”们使用黄金进行交易，以黄金替代互信，以黄金替代交易双方共有的读写能力、科学知识、智力或科技技能。黄金交易的前提是假设“世人皆流氓”。在如此无稽之谈的阴影之下，尽管规划师们立足于占全球人口60%的不幸人群的利益，他们严肃认真的理念构想和实践努力却已全面受挫。[8]

因此，我们要更加热忱和专注地对人类生存危机进行普遍系统分析。同时，我们还必须明白这一点：官员们根本不懂什么是财富，银行家们也不懂。为了

8　2001年，44%的人口（61亿人口中的27亿）为贫困人口，其中11亿为“极度贫困”，16亿为“中度贫困”。见第23页注释。1981年，56%的人口（44亿人口中的25亿）为贫困人口，其中15亿为“极度贫困”，10亿为“中度贫困”。见杰弗里·萨克斯，《贫穷的终结：我们时代的经济可能》，企鹅出版社，纽约，2005年，第1章。

整理思路，发现并厘清“财富”的含义，我们还应尝试建立一套有效的工作程序，以求直接解决这样宏大的问题。

我实验过一套理性筛选程序，实验对象既包括数以千计的广大市民，也包括100多位高级学者。通过这一筛选程序得出的结论，无一例外获得全体同意。具体操作是这样的：我向大家陈述一系列分析性观点，对于其中任何一条，但凡有人不同意，我就将其作废。最后，唯有100%未获反对的观点才被确定为全体共识。

我陈述的第一条观点是：“不管你认为财富是什么，也不管你拥有多少财富，你都不可能改变昨天，一丝一毫也改变不了。”对此，没有人反对吧？我们有过教训。可以说，财富在进化过程中是不可逆的。到这里，是否有人持不同意见？好，没有异议，我们继续。

现在，我来说一个遭遇海难的人的故事。以世俗标准来看，这个人非常富有，身家超过10亿美元。他出海航行，带上了全部股票、债券、资产证明和支票簿。此外，为了保险起见，他还携带了大量钻石和金条。忽然，船起火并渐渐下沉，救生艇也都被烧坏了。这时，如果我们的亿万富翁抱着黄金不撒手，那他肯定比别人要沉得快一些。可以说，他已来日无多。由于财富不可逆，这位富翁的亿万家财在这生死关头变得一文不值了。所有的黄金、钻石不过是一堆人间游戏筹码，此刻已没有实际价值，而全世界都在参与的这个人间游戏却并不符合宇宙进化交易的核算处理实际。显然，沉船富翁所拥有的财富无法掌控昨天、今天和明天。他无法凭着这些财富逃出生天，除非他能以自己的全部财产为代价，说服一名穿好救生衣的乘客把救生衣让出来。那就是用一条人命来交换一种“巨富瞬间”的狂喜。而这位顷刻之前还富可敌国，此时彻底绝望无助的富翁，终于从富贵烟云中醒悟过来，只要能够换回一条性命（他自己的或他妻子的），无论有多少财产，他都会感激涕零地交出去的。

此外，值得一提的是我们这位沉船富翁拥有的房地产，其资产的法律效力在“上帝之眼”看来，最早可追溯到殖民时期那些凭着原始的肌肉蛮力、狡猾头脑和武装侵占而获得的土地所有权；之后，土地经法律认证成为“合法”财产，受到或道德或不道德的法律的保护，而法律由国家机器予以强化和支持；再后来，土地所有权还被抽象成印在纸片上的股票和债券，受到或道德或不道德的金融市场规律的保护。我们现在采用的理性筛选程序体现了真正的民主。而半吊子民主是多数人专政，其法律是主观武断的，是不符合自然规律的。真正的民主，通过理性筛选实验获得全体共识，最终发现大自然或宇宙的法则，为全人类提供物质支持，使其获得精神满足。

那么我现在继续探讨“财富”是什么。我认为，所谓财富，其真正的含义是：人类为了维持健康的生存繁衍，为了减少未来在物质及精神两方面受到的限制，用以有效应对环境的组织能力。

大家有没有异议？好，之前我们确认了“财富不是什么”，现在又经过大家认同，初步拟定了“财富”的概念范围，其中包含着它的精确定义。那么，我们来更进一步，用具体数字准确地解释“财富是什么”。我认为，财富就是我们让多少人未来持续生存多久的能力，这里的“生存”指将物质代谢再生和精神革新都维持在一定水平，从时空中解放出来。

人类越来越聪明了。今天的我们已经了解和掌握了更多关于地球、太阳和月球的知识：一方面，太阳是地球号太空船的能量供应船；另一方面，月球充当地球的引力脉冲式“交流发电机”；两者共同构成了地球生命保障系统的发电机机组，太阳为主，月球为辅。我也必须指出，地球号也有能量损失，一是向外辐射造成的，二是向外太空发射卫星和探测器等造成的。除非地球号太空船上存储的太阳辐射能量高于其损耗能量，否则人类就维持不下去了。我们也可以把地球号太空船整个烧掉，获取能量，但这样人类可就没有未来可言了。况且，我们的太空船还正当少年，无论是在物质还是在精神上，都正处于上升和积累的状态，绝非一具日渐萎缩、腐烂的尸体。

显然，我们这个星球的真正财富是一个向前推进、新陈代谢和运用智力的再生系统。的确，我们大量的财富来自太阳辐射和月球引力，以推动太空船前进。从太阳那里吸收来的能量历时数十亿年存储变成化石燃料，而我们今天主要使用化石燃料，靠着烧光地球的能源储备过日子；另外，我们还使用原子能，靠着烧光地球的“资本储备”过日子。这两种办法实属致命的无知，也是对子孙后代不负责任的行为。孩子是我们的未来。如果我们永远不发掘、不实现所有潜能，人类即将在宇宙中破产。

经过反省，我们认识到人类社会根本不了解地球的财富潜力，这正是导致有效规划屡遭挫折的罪魁祸首。我们也大致明白了“财富”是什么，所有的人对此都有概念了，因此，目前不再深入讨论，留待后文分析。现在，我们继续探讨未来，一旦人类成功地生存下去，下一阶段就面临着如何繁荣昌盛、如何创造幸福、如何创新发展的问题。我们有三种威力强大的工具可以使用：普遍系统理论、计算机战略（又称控制论）和协同战略。协同战略是这样解决问题的：掌握整个系统的已知效能和系统某些组件的已知效能，由此推导发现系统的其余组件及其效能。例如，三角形的内角和为180度，如果已知任意两边及夹角，就可以精确求出第三边长和其余两角，反之亦然。

财富是指人类在两方面的能力：一方面，如何成功解决太空船前进动力的供应问题；另一方面，如何不断解放思想、提高精神的自由度。协同战略揭示，根据控制论，财富可划分为两大部分：物质能源和形而上的专业知识。与之相应的是，物质能源也可划分为两种：关联能源和无关联能源。关联能源如物质，无关联能源如辐射，可互相转换。

我们早就说过，物质宇宙本质上都是能量。爱因斯坦提出了著名的质能方程式$E=mc^2$（E表示能量，m表示物质质量，c表示真空中光速或真空中辐射波的速度）。爱因斯坦从理论上总结出，能量可以物质形式出现，也可以能量辐射形式出现。通过裂变实验，证明了物质能量与辐射能量是可互换的协变量。

物理学家在实验中发现，能量既不会凭空消失，也不会凭空出现。能源是有限的，能量是守恒的。实验证明了物质宇宙的几个基本事实，否定了20世纪初光速测定之前的宇宙学家和宇宙进化论者的想法，也否定了当时的社会经济观念。

20世纪初，就在第一次世界大战之前，我去了哈佛大学。那时，学术界的普遍共识是，宇宙本身是一个系统，势必遵循熵的规律。又有实验表明，所有的子系统都在不断损失能量，因此，宇宙本身也在损失能量。这意味着宇宙正在“逐渐垮掉”，届时进化力量将消除异常能量状态，最终使一切回归到牛顿所定义的“静止状态”。既然如此，消耗能量的活动被视为将加速消亡。这便是过去的保守主义的理论基础。于是，谁要是消耗能量，哪怕是为了寻求进化的变革，也会被全社会憎恶，被斥责为“挥霍无度”。

在20世纪初的光速测定和辐射实验之前，上述一切都被奉为真理。而后，我们突然发现，光线从太阳到达地球需要8分钟，从距离第二近的恒星到达地球需花费两年半，从其他恒星来到地球则要耗费更多年。直至光速测定实验，我们才知道，很多我们以为刚刚看见的恒星其实早在几千年前就已燃尽。宇宙中的各个事件并非同时发生的。

于是，爱因斯坦、普朗克和其他顶尖科学家表示：“我们不得不开始重新看待、重新解释物质宇宙。”他们将物质宇宙定义为“一个非同时发生且仅部分重叠的变化事件的集合”。然后他们又说：“当我们观察到新生命形成时，就必须研究我们所看到的究竟是什么。当能量在此地没有关联了，它总有可能在其他地方重新建立关联。”随后的所有实验都证明确实如此。科学家们发现，能量再分配后，总和仍保持不变。因此，科学家总结出物质宇宙的新规律，称之为新“能量守恒定律”。该定律称：“我们通过物理实验发现，能量既不会凭空出现，也不会凭空消失。”能源不仅是守恒的，也是有限的。这里指的是一个孤立的封闭系统。宇宙处在一个庞大的永动过程之中。我们会看到，一部分地球财富表现为物质能量，它是守恒的，不会消耗殆尽。因此，我们懂得“能量耗尽”这个概念在科学上不成立，应该废弃。

我在前文提到过人类如何发现了杠杆。在杠杆使用了几千年之后，人们又开发出了桶端杠杆组合：把杠杆的无桶端垂直插接在轴杆上，一根又一根，像车轮辐条一样。接着，给轴杆装上轴承，放置于瀑布下，当水流受重力作用落下，水桶便依次装满，而装满水的水桶也受重力作用依次落下，从而逐步带动杠杆旋转，于是，轮轴便旋转了起来。然后，人们用传动带把这个转轴与其他转轴上的皮带轮连接起来，从而驱动机器。机器力量的强大是人类的肌肉力量不可比拟的。这是人类第一次真正运用智力来实现生产力的重大变革。人们还掌握了如何利用物质能量（诸如杠杆、轴、齿轮传动结构和水坝），如何利用辐射能量（如太阳能）。太阳能使水蒸发上升，形成大气中的云朵，水分子聚集成水滴，受地心引力作用从球形云块中落回地面，形成降雨。自人类领悟了能量循环路线的那一刻起，人类最重要的宇宙功能就非常明确了：人类必须充分运用智力，截留散布在宇宙各处的能量，并将之转向，加诸杠杆，最终提高人类多方面的能力，圆满完成所有能够直接或间接促进人类生存繁衍的任务。

现在，我们已经从理论上证明了人类总会从每一次新实验中学到新知识。知识不会越学越少。通过实验，人们就有可能搞清楚之前的假想是否正确。不断地去伪存真，人们就可避免在有生之年陷入思考无解的窘境，不必浪费时间去研究如何应用一个无用的假想。这样，人们才能节省出更多时间，用于更加有效的实验，以求创造更多财富。

我们通过实验发现，智力（我们称之为专业知识）这一精神现象有这样一个特质：每当我们想要应用和测试目前掌握的专业知识时，我们可以重新设定物质能量的交换方式（无论是关联能量如物质，还是无关联能量如辐射，或是自由能量）。实验之后，我们总会开阔眼界、增长知识。专业知识总是有增无减的。这十分有趣。至此，我们已经详细检视和测试过财富的两大基本组成——物质财富和精神财富。

总而言之，我们发现物质财富（能源）并不会消耗殆尽，而精神财富又是有增无减的。这就是说，人类每使用财富一次，财富就会增长一次。因此，财富只会增长，而非熵理论所说的耗损。虽然能量的分散状态激发了非秩序性，使熵增长，局部财富却增强了秩序性。也就是说，在我们所处的宇宙局部，人类凭借智力不断探索和发现，对宇宙的认识越来越广泛、越来越深入，导致物质力量不断地有序增长和集中。具体而言，人们从多次重复的经验中偶然地、不定期地逐步总结出一张普遍性原则清单，其中的普遍性原则适用于所有特定案例，所有原则万向关联、全方位适应，其数目不断增加。人们有序地运用普遍性原则，便能够有效积累大量不可逆的财富。

财富是反熵的存在，它以一种最为精细的方式集中在一起。大脑与思想不同，两者的区别在于：大脑专门处理记忆的、主观的、特定的经验，以及客观的实验，而思想负责总结和应用普遍性原则，并将其进行整合与关联。或者说，大脑专门涉及物质领域，思想则专门涉及精神领域。财富是人类思维活动的结晶，是人类以思维循序渐进地控制物质的成果。对特定数量的人来说，财富可以被具体换算成数字，即容许多少人未来持续生存多久。这些人过去沉迷于熵理论不能自拔，但后来终于解放出来，积极投入反熵事业。这些人各有天资，职能不同，但他们乐于合作，愿意并肩奋斗。

人类的财富在持续巨幅增长，却不为人类社会所知，因此，我们的经济核算系统不切实际，仅仅把财富认定为物质财富，而在账目上把专业知识填入“薪资债务”一栏。我们共同探讨了财富的本质，但这个结论对全世界来说——无论是社会主义国家，还是资本主义国家——完全是一个意外发现。集体合作企业与私有企业相互促进，共同创造财富，对此，盲目认定“你死我活才是竞争规则”的经济核算系统却不予承认。我们现行的会计制度本质上是反协同的、损耗性的、熵抵押式的，按它的预示，人类将被反向复利效应带向灭亡。事实不然，财富具有反熵性，通过协同效应创造复利，这一部分的财富增长目前未被全球任何国家、任何经济体制承认，也未被计入收支账目。我们生产了一种性能有所提升的新型材料，就会把增加的生产成本（包括能耗、劳动力、开销和利润）计算进产品价格。而后，鉴于该材料制成的产品会迅速过时，我们会逐渐降价。除了支付少量知识产权费——通常厂家还会尽量避免支付此费用，产品从不因为创新性而增值，也不会因为协同性而增值。产品的协同性是指，一件产品通过互补作用，与另外一件或几件产品合作，共同创造形成巨大优势。例如，合金钻头用于石油钻井机，便将“无用”的石油开采出来，转化为有用的产品。

随着人类的发展，真正的财富虽然不为人知，却势不可当地协同翻倍增长。结果，仅就20世纪而言，达到健康、舒适生活水准的人口比例从不足1%提高到了44%，人们的生活水平也空前提高。[9]尽管世界人均金属矿藏储量持续下降，但仅在三分之二个世纪以内，人类就取得了如此辉煌的协同成功，这是前人无法预料的。这份成功并非由任何政府或企业努力达成，它是人类无意中运用了以少胜多的协同效应才实现的。

我们知道，“synergy”（协同效应）在英语中属于生僻词，也没有同义词。普通民众不懂这个单词，因此它未被列入人类财富的经济核算系统、未被认定为创造公共财富能力的评估因素，也就不足为奇了。工业生产具有协同性，在海军、空军和航天工业的所有军备生产上，其单位投入（包括时间和能耗）较少而产出较多，这种协同效应却从未被各个陆地国家和地区正式计入资本收益。全球化工业生产具有协同性，其高效程度远远超过各地区独立系统所具有的封闭式协同效应。因此，世界各国都应该全面合作，只有全球一体化，才能实现全人类的天下大同。科技日

9　1981年，44%的人口（44亿人口中的19亿）脱贫。2001年，56%的人口（61亿人口中的34亿）脱贫，使用当今的说法即“中等收入”和“高收入”家庭。注：基于全球的发展状况，“中等收入”指每年收入几千美元，这不等同于富裕国家的“中等收入”。见杰弗里·萨克斯，《贫穷的终结：我们时代的经济可能》，企鹅出版社，纽约，2005年，第1章。

新月异，由于采用了前所未有的高性能新型合金材料，用于制造复杂工具的简单工具便协同性地增值了。全球工业化历史上总是不乏惊喜。化学元素周期表上有92种再生性化学元素及超铀家族10多种性质特殊的元素，它们之间产生各种各样的协同作用，于是，高效高能的新型材料层出不穷。

复杂的环境演化是由地球生物及其工具，以及大型无生命事件协同作用推动的。大型无生命事件，诸如地震和风暴频发，往往以其高挑战性而激发生物个体的创造力。人类从实验获得的知识，既使得财富呈指数级增长，也使财富优势的整合度呈指数级增长，从而进一步推动人类的公共财富快速增长。无论何种政治制度，世界各国的经济体系都完全忽视了协同效应对早期人类公共财富增长的促进作用。人类的财富本质上是公共财富。随着人类发展，公共财富只增不减，并不断自我加速地协同性增长。

遗憾的是，尽管人类的真正财富是如此巨大，但只有当政治首领面对强敌而惊恐万状的时候，才会像蜻蜓点水似的无意中用上那么一丁点儿。不管在什么性质的社会，人们都要穿衣吃饭，要过好日子。人类要进一步开发财富，负责工业生产的工程师们必须能够预见、设计和实施高效增产的具体步骤，这种不断更新的预见力既取决于工程师个体，也取决于相关学科领域的发展状况、可用的资源范围，尤其是尚未投入实际应用的创造发明。

就物质资源而言，直到不久以前，人们还总是想当然地认为只能用已知材料来建造房屋、制造机器和生产产品。过去，科学家们总会不时地发现新型合金，不断改善生产工艺，从而不断拓宽工业发展前景。但今天的航天科技已经先进到人类能够凭借知识创新，视需求来“专门定制”和开发特殊材料了。那些新型材料必须满足某些特定的物理特性，超越了自然界存在的任何已知物质性能。人类发射火箭时，其前端存放卫星的鼻锥体就是这样研制出来的。协同效应乃重中之重。我们发现，只有当全人类都面临危机时，有效的替代性技术策略才会协同出现。只有这时，我们才会见证思想超越物质，见证人类挣脱专业化枷锁，打破地域主权的束缚和困局。

Chapter 7

人体机能的扩展

1790年，美国开展首次现代意义上的人口普查。1810年，美国财政部在这个年轻的民主国家进行了第一次经济普查。当时，全美共有100万户家庭，另有100万名黑奴。（这并不是说每户人家拥有一名黑奴，远非如此。黑奴只属于少数大庄园主。）

据美国财政部评估，美国人均宅基地、农田、房屋、家具和生产工具的货币总值为每户350美元，黑奴人均身价400美元。另据估计，全美各地的荒野生地价值达到每户1500美元。上述资产加上运河和收费公路的股权总值为每户3000美元。因此，按照现行标准，我们可以认为美国国民财富有30多亿美元。

现在，我们假设人类都拥有极高的智慧，行事都遵守最优化原则。假如在1810年，美国公民呼吁他们最受信赖、最得民心、最具远见的领导者实施一个规模庞大的经济技术发展规划，为期一百五十年，旨在高速、高效地建立发展美国乃至全世界的生命保障系统，提高人类生活水平，计划到1960年全部实现。要知道，一百五十年前，电报还没有被发明出来，世界上还没有钢铁工业和电磁学。铁路是人们做梦也想象不出来的，更不用说无线电、X光、电灯、电线和电动机了。那时，人们不懂原子或电子的概念，也不知道什么是元素周期表。在1810年的人类知识背景下，假如有哪一位祖先说“咱们向月球发射个雷达脉冲波吧”，那旁人非把他送进疯人院不可。

1810年，包括公共财产和私有财产在内，全美国民财富总值仅为30亿美元。如果那些最有才干、最有权力的领袖决定倾全国之力，一举花费30亿美元，投入一项总成本高达10万亿美元的探索开拓计划中去——其成本足足超出国民财富总值千百倍，那简直荒谬绝伦、不可思议。正如我们所知，只有当强敌压境、地区主权遭到威胁时，普通民众才会战胜由那些技术盲和心狠手辣的少数人领导把持了几千年的专制力量。

1810年，即使是最英明神武的领袖也想象不到，一百六十年后的1970年，美国的年国民生产总值会达到1万亿美元。[10]（相比之下，400亿的全球总货币黄金供应量是多么无足轻重。）假设收益率为10%，那么，1970年1万亿美元的生产总值就意味着资产总值为10万亿美元，而1810年，资产总值仅为30亿美元。换言之，一百六十年前，最有智慧的人也只能看到今天全美财富的万分之三，更遑论认清全世界的财富潜力了。当然，时代精英们如果以为财富价值无几，那么只能长叹英雄无用武之地了。

1810年，我们最可信赖、最具远见卓识、知识

10　2007年美国国内生产总值约为13.86万亿美元。

最渊博的曾祖父们不会预见到，就在短短一个半世纪后，人类将取得如此辉煌的成就：人类的寿命增长了2倍，个人的年实际收入“翻了几倍”，大多数疾病已能被治愈，人们上天下海、自由出行，无论天涯海角，都能毫不费力地轻声交谈，人类的可听范围凭借电磁波以约每小时11亿千米的速度扩展到遥远的金星，人类的可视范围大幅度扩展，站在地球号太空船的甲板上，能够看见月球表面的沙粒和卵石。

到了1969年，物质环境日新月异，影响着全人类的进化，但物质环境的加速变化99.9%发生在电磁频谱中，人类无法感知。电磁波无影无踪，无法被察觉，因此今天的世人恐怕不会明白，等到未来人类进入21世纪，这三十五年的变化将比我们刚刚过去的这一个半世纪（从第一次美国经济普查至今）发生的变化还要大。人类被淹没在无形的浪潮之中，待潮水退去，如果人类还活着，会发现潮水把自己冲到了一座成功之岛上，自己却不明白这一切究竟是怎么回事。

对于21世纪，我们可以从科学角度推断出两种可能：人类要么从地球号太空船上消失；要么届时已经充分认清自身能力，正信心满满地做着必须要做的事，做着想做的事——假设那时的地球人口与今天数量相当。就第二种可能而言，地球上的人类社会最终将在物质上和经济上取得成功，而所有人类个体都将在生活必需需求上获得自由。人人共享地球，互不干扰，绝不损人利己。所有人都将获得时间上的自由，也就是说，人们醒着的时候，99.9%的时间都可以自行处理，做自己想做的事。所有人都将获得生存权利上的自由，即再也没有人要为生存而战斗，拼个“你死我活”；人与人彼此信任，在意志自由的前提下，自愿自发地、合乎情理地进行合作。

另外还有第三种可能：人类仍然懵懂无知，21世纪才过了三分之一，人类就频频出现低级错误、偏见失误、短视误判或自欺欺人，总计不下600万亿次。显然，如果是这样，人类只会倒退着走进未来，糊里糊涂地全靠进化的力量生存繁衍，因为进化势不可当，正如受精卵在子宫里孕育成长那样。进化将通过种种协同手段发挥作用，但那都将是我们今天无法预见的，就像1810年我们最英明、最有智慧的曾祖父们无法预见这一百五十年来现代化发展如此迅猛、增长规模高达10万亿美元一样。

上述种种推测并不是要得出“人类愚蠢无知，因此活该受穷”这个结论，我们是要通过分析总结，认识到人类的进化过程中存在一个巨大的安全系数、一种经济缓冲效应，保障了人们可以通过试错来学习知识、解决问题，鼓励人们大胆运用敏锐的直觉感知力进行远大构想，敢于大胆描绘宏图远景，努力将全人类联合起来，共同迈向未来。在此过程中，我们必须全面启用和挖掘所有个体的智力潜能，发现和确定人类在宇宙中究竟充当什么角色、发挥什么作用。我必须强调，如果本书中的言论引起了任何负面思考，那都绝非我的初衷所在，也完全可以忽略不提。

到此为止，我已向大家介绍了如何采用一种协同的全新思路来评估人类的公共财富。我也逐步做出解释和说明，在此过程中多次提问，看看大家是否发现错误，是否有所异议。现在，我们达成了共识，都相信人类有能力持续生存繁衍下去。

我认为，目前，全球社会亟须重新建立一套切实可行的经济核算体系，纠正过去种种错误观念。举例来说，一位顶级的模具工匠，在印度的收入比别人都高，但如果他到美国密歇根州的底特律市从事同样的工作，那么他一天的收入就会相当于在印度一个月的收入。这种情况下，印度怎么可能实现贸易顺差？[11] 不要说顺差，如果没有一个切实可行的贸易平衡政策，5 亿印度人[12] 怎么可能参与到国际贸易中去？千千万万的印度人从来没有听说过美国，更没听说过什么国际货币体系。吉卜林有诗云："东是东，西是

11 2007年，美国与印度的贸易逆差为64亿美元。

12 2007年，印度人口约为11亿。

西，两者永远不相遇。”

几百年来，“大海盗”们在印度大肆掠夺，然后回欧洲消费，导致数十亿印度人和锡兰[13]人几百年来深陷贫困和饥饿，饱受折磨。生活是如此悲惨，以至于印度人和锡兰人的宗教竟然信奉“活着便是含辛茹苦”“谁过得越惨，谁上天堂就越快”。如此一来，有谁想要改变现状、提供援助，大多数印度人会愤而拒绝，认为这拦阻了他们迈向天堂。如此信仰只因无法解释生活的苦难。另一方面，印度人个个都是了不起的思想家，如果能与世界自由交流，他们一定会改变自己的观念和命运。按照数量比例，在印度，每三个人就有一头牛。但神牛们不去耕田，而是无拘无束地漫步街头，随心所欲地堵塞交通。[14]牛之所以成神，也许是因为古代印度君王和后来的欧洲各国君主一样，

13　编注：斯里兰卡旧称。

14　这听起来像是巴奇在对历史进行推理性解释时的夸张说法。巴奇的女儿阿利格拉·富勒·斯奈德推测，这可能是他在20世纪60年代经常去印度旅行而感到沮丧时所说的话，因为那段时间，他每天吃三顿牛排（通过这种饮食方案减重30公斤，且恢复了体力）。难以想象，巴奇会没有意识到印度哲学中对牛的崇拜至少可追溯至两千五百年前的《摩诃婆罗多》等。这段话很令人惊讶，因为他与印度这个国家有广泛的联系，如他与印度前总理英迪拉·甘地和萨拉巴伊家族的友谊，还有他在印度做的项目（1973年，他为德里、金奈和孟买设计了国际机场，但没有建造）。来源：2008年4月26日与阿利格拉·富勒·斯奈德的谈话。

想要独占美味牛肉，便谎称这是上帝的旨意：除了君王，普通大众严禁食肉，违者处死。

时下有一种错误的认识，即认为财富都是私人银行家和资本家创造的。显然，那些为穷人、残疾人和孤寡老人到处募捐的慈善组织都是这种错误认识的信徒。其实，这些慈善组织乃“大海盗”时代的遗留物，那时世人坚信资源有限，僧多粥少，因此到处都是需要帮助的穷人。而政治首脑也听从了银行家的意见，承认冲突和矛盾对社会不利。于是，各种各样的慈善机构出现。但人们都认为慈善资金出自某些神秘的大善人之手，因此没有哪个好手好脚的人甘愿仰人鼻息、接受施舍，也没有什么人乐意当众排队领取救济。

第二次世界大战结束后，美国几百万训练有素、健康强壮的年轻士兵退伍。为了满足战时需求，工业自动化迅猛发展，结果导致战后就业机会锐减，退伍士兵找不到工作。在此之前，人们把达尔文的进化论扩展到社会学领域，把“能否找到工作”作为标准，来判断一个人是否“适者生存”。现在，要说这几百万健壮、聪明、能干的退伍青年找不到工作，属于“不适者淘汰”，实在有违情理。于是美国紧急立法，颁布实施了《退伍军人权利法案》，鼓励退伍士兵进入中学、大专和大学接受教育和培训。该法案具有深远的政治意义，它明确宣告，为士兵提供的教育福利不是一种施舍，而是回报他们参战服役的一种荣誉和奖励。《退伍军人权利法案》促进了全民教育程度的提高，开发了智力资源，创造了数十亿美元的新财富，同时协同振奋了下一代人。美国国会通过这一“挥霍无度”的法案时，我们不曾想到其实我们正在创造条件，推动协同效应，从此开辟了一个空前繁荣的时代。

20世纪之前，人类历史上战争连连，无论对于战败方还是战胜方，后果都是毁灭性的。前工业化时代，烽火连天时，壮汉全被送上战场，人类的农业财富刚刚在田间地头生发，就立刻被摧折、毁灭了。人类进入成熟的工业时代后，第一次世界大战爆发。战争结束后，美国、德国、英国、法国、比利时、意大利、日本和俄国都脱胎换骨，达到了较高的工业化生产水平，其中美国的工业发展成就最为突出。这是人们始料未及的。悲哀的是，随后不久，工业化生产能力却被迅速应用到了第二次世界大战中。尽管第二次世界大战把第一次世界大战剩下的断壁残垣夷为平地，所有工业化国家的生产能力却进一步增强。硝烟弥漫、炮火震天之时，工厂机器大多幸免于难。生产工具的性能突飞猛进，其创造的价值也在飙升，一发而不可收。

进入工业时代后，人类财富竟然由于世界大战的刺激而增长，实属意外。首要的原因是：战时工业生产虽然用于制造军备武器和弹药，但在生产过程中，人们不断研制、革新，逐步推出高效高能的复合式生产工具和设备，大多数通用工具可组装成各式各样的协同式复合工具，而这些可民用的通用工具的数量远远超过专门的军用生产设备。其次，战火纷飞中，房屋建筑成片坍塌。这些老旧破败的砖木结构房屋，战前仍可勉强住人，所以屋主一直坚持使用。一旦被战火摧毁，屋主只能重建。这就像人们宁可盯着几头老奶牛挤奶，也不愿尝试冒点风险去养新奶牛。这种守旧心态阻碍着人类研制、开发和使用新型工具。再次，由于战火摧毁了某些生产设备，一些协同性的临时替代设备或临时替代技术应运而生，效能大幅度提高，具有重大革新意义。最后，战时工业生产所使用的金属材料不会凭空消失，相反，人们会迅速回收它们，用于制造性能更好的新型工具。因此，世界大战的输家如德国和日本，在战后迅速崛起，一夜之间成为工业巨人。德日的成功反证了现行经济评估体系的谬误。

这里，我们再次看到，当人类越来越多地运用直觉和智力，便能够发现宇宙运行的许多普遍性原则，能够在客观上分别加以利用，发明出各种具有专门功能的工具，由机器动力远程操作，从而扩展并加强人类的各种身体机能。人类不再全靠辛勤劳作来谋生，而是不断发明生产工具和生活工具。例如，原始人都用手捧水喝，后来便发明了种种效率更高的工具——木碗、石杯或陶瓷容器，这样人们不仅喝水方便了，还能随身携带饮用水，从而扩大了狩猎和采集的地域范围。所有的工具都是人类基本身体机能的外延。而且，新工具往往还可以超越人体机能的固有局限，例如，杯子可以装开水或腐蚀性化学液体，这是人类直接用手做不到的。虽然工具并未引入新的普遍性原则，但它大大扩展了人类有效应用已知原则的条件范围。世界科技发展的本质如此，从未改变过，但其有效范围的增扩幅度令人惊叹。计算机是人脑的外延，但其容量、运行速度和抗疲劳性是人脑无法比拟的。此外，计算机还能够在各种人体无法存活的环境中使用。因此，在执行某些特定任务时，计算机比人类大脑更为高效高能。

人类真正的卓越之处在于，能够将人体机能进行分离、利用、放大和提升，而且幅度惊人。人乃万物之灵，能够全面渗透环境、探索环境、控制环境，是适应性最强的有机生物之一。人类自诞生之初就具备了智力创造和自我训练的能力，心灵手巧，能够制造工具，扩展自身功能。花鸟虫鱼都是专家，其专项机能与身体融合，精确无比，而一旦遇到恶劣环境，就无法转变和适应，只能惨遭淘汰。历史上人类无数次身陷恶劣环境，但总能应对，总结经验，确定需求，发明工具，将特定功能外化，并加以分离、增强。因此，人类使用自身机能充当专家只是暂时的，等到发明出分离式工具后，便转而使用工具。就肌肉和大脑而言，人类比不过机器，比不过他们自己发明出来的自动化电动工具，但这些机器和工具尽在人类的掌握之中。人类能够吸收宇宙的精神能量，创造发明和批量生产出这些机器和工具，并不断改造革新，持续使用。人类已经把自身机能拆解分散开来，在世界范围内构建了一套能源网络化的工具复合体，最终形成了我们今天所谓的全球工业化。

Chapter 8

生生不息

人类发明出一套人体机能外延工具系统，以此开发地球号太空船上的资源。对于外延工具系统，人人都可在实体上使用，但人体机能系统只限本人使用。迄今为止，我们已在太空船上发现了92种化学元素[15]，其中91种已被充分应用到世界各地的工业生产中。各种化学元素分布不均，而全球工业化又必须将各种元素整合起来，因而我们太空船上的所有人都理应随时随地积极参与、努力配合。但太空船的现状堪忧，苏联人和美国人抢着驾驶飞船，你争我夺，互不相让；法国人掌握了右舷引擎，中国人控制了左舷引擎，联合国管理着乘客运营。结果当然是一团混乱、险象环生。越来越多的国家自以为是、为所欲为，导致飞船不断加速，但忽前忽后，乱转圈子，无处可去。

所有人类功能的外延工具可以分为两大类：手工工具和工业工具。原始人赤身裸体在旷野中踽踽独行，仅仅凭着经验和身体固有机能求生，这种情况下发明出的工具被我定义为“手工工具”。在孤立无援的条件下，原始人发明了长矛、吊绳和弓箭等工具，而工业工具指不可能由某一个人制造出来的工具，譬

15 编注：截至2019年，共有118种元素被发现，其中94种存在于地球上。

如“玛丽皇后号”邮轮[16]。我们发现，要发明口语，至少需要两个人，因此口头交际语言堪称人类历史上第一件工业工具。世界各地的人们各自积累着各种经验和想法，而唯有通过口语，这些经验和想法才得以世代相传，并被逐步全面整合起来。《圣经》曰：“太初有道。”而我告诉你：“工业化之初有口语。”随着人类把语言和思想以图形的形式表达出来，我们就有了计算机的雏形，因为计算机最初就是用于信息存储和检索的。书面文字、字典和书籍是人类历史上最初的信息存储和检索系统。

最初，人类使用手工工具来制造工业工具。今天，人们仅需熟练地按动键钮来操作机器，使用工业工具制造工业工具。手工经济时代，工匠们只会制造终端产品或消费产品。而到了工业经济时代，工匠们制作工具，然后通过工具来制造终端产品或消费产品。随着工业不断发展，人类拥有的机械化优势迅速增强，并协同性地促进开发了大量高精尖的专用工具，这些专用工具高效高能，单位投入资源更少，最终产品或服务的产量更高。

我们在研究工业化的时候会看到，没有大众消费，就没有批量生产。为了争取个人权益，劳动工

16　1936年首航，重达81237吨。

人发动社会斗争，要求增加工资、增加福利、减少裁员。这从进化意义上推动了工业发展，因为当劳工权益获得保障时，大众消费才成为可能，大规模的批量生产成为可能，最终也使价廉物美的产品或服务成为可能，从而大大提高人们的生活水平。

目前，我们的劳工阶层和工薪阶层（包括学校教师和大学教授）都在担忧是否会被自动化抢走工作，即使没有明确自觉，也至少会在潜意识里忧虑重重。劳工阶层和工薪阶层最大的恐惧是失去工作，无法“谋生”，无法“享有生活的权利”。“谋生”这种说法本身就表明了人类生活之艰难，以至于大多数人会不幸夭亡，仅有少数特权人群能幸福生活下去。这很不应该。凭什么只有超常的人或有特权的人才能生存繁衍下去呢？更有甚者，历史上，人类社会还曾经认为，生活权利是如此稀有，唯有王公贵族可以享受，唯有他们由天命注定有权吃饱喝足。

那些对自动化心存顾忌的人，只要愿意花点时间、费点脑力，就会消除一己偏见。他们会认识到，自动化生产高效高能，将使物质能量快速翻倍增长，其增速远远超越人类胼手胝足的手工劳动。另一方面，人类让位于自动化生产后，可以集中精力思考如何实现人类财富，并不断构想、整合、提出新任务，然后交由自动化机器去完成。人类的真正财富浩瀚无尽，我们应该致力于凭借智力优势进行开发利用，尽快打消劳工阶层的疑虑，清除工会为阻止自动化发展设置的障碍。为此，我们应该向失业者发放终身研究补助金，让他们衣食无忧，专心从事研究和开发工作，甚至专注于思考。人必须敢于真诚思考，果断采取行动，而不应瞻前顾后、耽于生计。此外，“思想补助金”制度的设立和推广也将有助于人类的科学探索和开发创新，进而使得科研领域全面拓展，发展速度得以大幅度提高。每10万名研究人员中，只要有一个人有突破性发现，其成果收益便会大大超过其他99999个人的补助金。这样，人类与机器各司其职，工业生产可进一步高速增长。与之相应的是，全面自动化和机械化的工业生产也将全面激发人类所独有的思想能力。随着历史进程的推进，未来十年内，这些措施都将成为现实。毋庸置疑，不可能不经历社会变革，不可能不通过教育和实践，就让人们发现和了解“人类拥有无限公共财富”的真相。

一旦建立起统一发放“思想补助金”这一机制，人类便可以逐渐从工业生产中解放出来。所有的人都可以专注于自身脑力开发。许多人也许在年轻时事业不顺、屡屡受挫，领取思想补助金之后，生活有了保障，他们或许会靠垂钓度日，有机会静心思考。他们大可以回顾前半生，反思那些年轻时没有实现的梦想。所有的人都应该好好思考。

不久以后，人类社会将会飞速发展、创造财富，将会创造出许多伟大之举。我们必须好好思考如何发展、如何生活才能够不破坏环境，不破坏文物古迹，不破坏浪漫、优美与和谐的创意整体。所有的写字楼将被改为现代化住宅，办公室没有了，上班族没有了，只需要在若干地下室内设置信息自动化处理的办公设备。

当我们以普遍系统、通用系统为思考起点，逐步消除无关因素之后，便会看清当前面临的最关键问题——好比剥洋百合的花瓣，每剥掉一层，就会看到里面一层。但是根据进化的规则，要剥掉一层“洋百合花瓣”，要消除一项无关因素，我们必须事先充分理解这层“花瓣”。最新的科学发现（如爱因斯坦和普朗克的研究成果）让我们对“宇宙”有了新的认识和理解。如前文所述，我们发现人类对宇宙最大的贡献是强大的思想能力。这一点在我们迄今为止可观察到的时空范围内都得到了证明。我们还发现，人类所肩负的宇宙任务是理解和分析人类经验中的各种具体事件，积累知识，并由此总结出主宰宇宙运行的普遍抽象原则。

我们业已认识到，人类仅仅凭借思想的力量就能把普遍性原则创造性地应用到现实中去，从而保全本地现有的物质能量。只有这样，人类才能处变不惊，面对熵化的本地物质宇宙的种种无序状况，变不利为有利。对于符合进化规律的环境事件，人类可以并且能够从精神上进行理解、预测、分流甚至引入。这些环境事件的数量和发生频率都与人类精神上的创新变革模式同步。同时人类不断提高自己的时空自由度，一改往日的盲目和无知，不再埋头苦干、只求谋生。

现在，我们已经理解了许多外围问题，剥掉了洋百合的层层花瓣，发现了物质能量守恒定律，也了解到物质能量不断地在地球上以化石燃料的形式累积起来。光合作用将物质能量转化并储存在植物体内，而动植物残骸又随土壤逐渐石化，历经霜冻、风暴、洪水、火山喷发和地震，逐渐被深埋到了地壳深处，成为化石燃料。因此，我们认识到地球能量充足，只要我们采用科学手段，推动全球工业发展，全人类就都能生存繁衍下去。但我们必须减缓化石燃料的消耗。化石燃料是地球号太空船亿万年来储存有序的物质能量，最初用途仅仅是启动太空船的生命再生系统。我们必须保证人类不会由于愚昧无知而将这些能源储备轻易耗尽。

地球号太空船上的化石燃料储备相当于汽车蓄电池，汽车蓄电池必须保存一定电量，专门用于启动主发动机。地球号太空船的主发动机（生命再生系统）一经打火发动后，就不应该再使用蓄电池（化石燃料），而必须全部采用强大的风能、潮汐能、水能和太阳能作为能源。化石燃料储备理应专门用于新型设备的生产制造。这些新型设备将全面开发利用风能、潮汐能、水能和太阳能等再生能源，支持地球生命再生系统，推动人类社会发展，在物质能量与精神能量两方面都达到更加高效高能的标准。来自再生能源的日常能量收益供应全球工业生产及其自动化生产是绰绰有余的。譬如，热带飓风一分钟释放的能量就等于美国和苏联所有核武器的能量总和。随着科技的发展，人类开始越来越多地利用天体运动产生的潮汐能、风暴产生的风能，以及水能和太阳能。我们只有厘清前因后果、来龙去脉，才能在宇宙中继往开来、永久续航。化石燃料持续在地壳里沉积，如同蓄电池在持续充电。因而，人类消耗化石燃料的速度不应比“充电”的速度更快。

我们已经发现，地球号太空船上的所有人类乘客都能够充分享受地球资源，不需要遭受他人的掠夺和干扰，也不需要损人利己。只要我们没有蠢到全面依赖原子核能而导致船毁人亡，地球号太空船的永远续航是高度可行的。过度开采化石燃料，过度开发原子核能，都是短视行为。就好比我们开车的时候不断重复打火发动，结果把蓄电池耗尽了，而为了给蓄电池充电，我们就把整辆车拆掉，投入核反应堆来发电。

我们也已发现人类为什么被赋予智力，为什么能够制造出人体机能的外延装置。人类天赋异禀、能力非凡，因而也肩负重任，责无旁贷。我们必须推动人类社会持续发展，世世代代生生不息。我们必须了解大脑与思想的差异。我们知道，在漫长的历史长河中，人类一直在粗鲁无礼和愚昧无知中苦苦挣扎，只有那些最野蛮残暴、最奸诈狡猾之徒勉强生存下来，而即使是他们，也只能活到现代人平均寿命的三分之一。人类几千年来都是这样像奴隶一般悲惨求生，长此以往，就在脑中植入了迷信和自卑。

这一切让我们看到了一个迫在眉睫的任务：教育。只有通过教育，才能制止现代人类奋不顾身的自我毁灭行为；只有通过教育，人类的智力发挥才能成功转型，让我们的太空船停止旋转俯冲，转而在物质和精神两个层面上都进入安全平稳的水平飞行状态。在那以后，人类还将超越地球边界，进一步深入探索宇宙。如果我们对形势做出正确的理解和判断，那么人类历史将翻开崭新的篇章，人类将迎来前所未有的新经验、新思想和新动力。

最重要的是，我们已经清楚地看到，人类已行至生死存亡的关头，摆在面前的只有两条路，要么全赢，要么全输。物理学实验向我们证明了“团结力量大”及“一加一至少等于二”的道理。例如，质子和中子二者互补，但并不互为镜像。你我天生不同，但可取长补短。我们平均为零，便是永恒。

前文的讨论如同我们乘坐火箭飞入了宏伟的宇宙，在地球之外绕行、俯瞰和思考，那么现在让我们启动火箭制动系统，逐步减速，掉转方向，重新穿越大气层，返回令人迷惘的现实世界。长久以来，我们坚称人类分成不同的民族和种族，各民族、各种族先天不同，然而事实并非如此。全球范围内的混血人种——“世界人”出现了。“世界人”超越了民族与种族的界限。所谓民族是人类世世代代画地为牢、封闭自守的产物。酋长祖先们往往近亲通婚，导致基因集中，逐代形成了各民族所独有的生理特性。例如，由于天寒地冻、日照不足，极北方民族肤色最白；而在天气炎热、骄阳似火的赤道地区，人们则个个身着片缕、皮肤黝黑。因此，所谓民族和种族只是由各地独特的环境条件和超近亲繁殖所造成的。

北美大陆上的“世界人”主要有两个来源。第一批美洲移民迁徙至少始于三万年前，甚或始于几百万年前，但终止于三百年前。他们东渡太平洋而来，划着木筏或摇着小船，趁季风或顺洋流，横跨大洋，抵达北美、南美和中美。移民首先登陆南美与北美的西海岸，而后逐步向内陆迁移，抵达南美和北美两大洲的交接地带：墨西哥及中美洲。今天，我们在墨西哥会发现所有人种的形态特征，也会找到所有人类已知的相貌特征。譬如，墨西哥人有各种各样的肤色，从黑到白，深浅不一，根本无法确定“种族”的界限。我认为，根据肤色划分“种族”只能表现人类的无知，因为种族的肤色标准只说明了肤色的几种极端形态。第二批美洲移民西渡大西洋而至，目前已经遍布美洲。他们来自世界各地，历经漫长岁月，从太平洋逆风向西，“追随着太阳”而行，他们驾船途经马来西亚，横渡印度洋，穿过波斯湾，进入美索不达米亚，然后徒步行走，来到地中海地区，到达尼罗河平原，最后从非洲出发，跨越南大西洋或北大西洋，来到美洲。此外，也有人穿过中国、蒙古国、西伯利亚和欧洲腹地，再跨大西洋到达美洲。

今天的美洲大陆上，东方血统与西方血统屡见通婚，混血程度日益增加。北美太平洋海岸渐渐出现了由全球人种混血而成的“世界人”。全球范围内的混血人种业已能够上天入海，接下来便要踏上跳板，一跃而起，纵身飞向海洋深处，飞向天空，飞到地球之外，勇敢地面对种种险境。

现在，请你再次回到我们困顿无解的现状中来。我们已经意识到，人类社会的当务之急是重新建立一套经济核算体系，而后全人类齐心协力发展生产，在计算机的超强记忆功能和高速运算能力的辅助之下，逐步创造社会财富。要让地球号太空船永久续航，我们还有许多任务要完成，只是这一件任务是重中之重，其优先级最高。好吧，让我们把眼光放远，满怀雄心壮志开始行动。事实上，我们也必须把眼光放远，着手发动又一场全球工业化革命。我们必须致力于提高地球资源的单位性能，使得社会生产力水平极大提高，全人类的生活水平也极大提高。我们不能坐等旁观，听任某一种有偏向性的政治制度一统天下。

当今世界，再也没有什么资本家、大善人、救世主了。对于未来如何谋生，你可能感到迷茫，没有把握。但我告诉你，人类越早醒悟，才越有机会自救，以免一头栽进灭亡的深渊。看到世界政治经济危机频频爆发，我们更应牢记我们有办法让全人类都过上丰衣足食的好日子。我们必须抓紧时间积极行动，必须赶在事态已无法挽回之前展开自救。当你环顾四周，会看到许多人已经觉醒，其中有的还是工会领袖，他们正致力于教育和开导普通劳工，希望大家明白反对自动化生产有多么荒谬。看到这些情形，你大可放心了。

我曾应邀前往世界各地的300多所高校，担任教授或客座教授。我发现，越来越多的学生已有所醒悟，他们意识到了我前文所述的地球危机，也逐渐认识到唯有掀起一场设计和发明的革命，才能彻底消除战争。全社会都应该懂得，财富与阳光、空气一样，属于全体人类。那时，人们不再会把财富当作私有财产。当他们为了谋生度日而领取年度思想补助金的时候，便不再羞愧难当，无须认为自己是在接受施舍。

从青年时代起，我前前后后买过54辆汽车。但现在，我不会再买新车了。我仍然开车，但不需要买车了。我长年坐飞机旅行，所以总是开车去机场，把车停在那里之后却往往没办法回机场把车开出来。我现在的生活方式只需要在机场租车使用。因此，我不买车，也不买别的东西了。我倒不是像主张土地公有的亨利·乔治[17]那样患上了“政治分裂症”，只是为了实用。所有权会逐渐成为累赘和浪费，最终会消亡。

如果你经常出游，游历远方城市的时间比你在“家”的时间还长，那么收集旅游纪念品还有什么意义呢？这里的“家”是指那个被标注为“某国某州某市某街某号”的家庭住址，用于护照申请、纳税申报和选举投票等。为什么不把那些伟大的古代城市和建筑完全复原，把所有从那里发掘出来的考古或艺术宝藏都归还原处呢？不要再让那些历史文物东零西落地散布于世界各地的博物馆了。只有这样，古代风貌才能完整恢复，热爱历史、知识丰富而又积极创新的现

17 译注：亨利·乔治（Henry George，1839—1897）是美国社会活动家、经济学家，也是现代土地制度改革运动人物。

代人才能够来这里实地居住，真正体验古代生活。只有这样，全世界才能把人类精神文化的奥秘重拾回来并珍存下去。

我一年到头都在世界各地旅行，频繁往来于南、北半球，屡屡出入地球的向日面和背日面。在我的感觉里，已经没有所谓正常的“春夏秋冬”和“日日夜夜”了，我比地球的自转转得还快。我习惯戴三块手表：第一块始终显示我“家”里的时间，方便我跟家人打长途电话；第二块手表显示下一站的当地时间；第三块手表显示我当前位置的当地时间。在我的脑中，我已经切切实实地把地球看作一个球体，看作一艘飞船。地球很大，但没有大到不可理解。在日常生活里，我不再依照“星期”来安排行程，因为大自然不存在“星期”这回事。只不过有时，人们通常的作息习惯不免会牵连到我。显然，商家热衷于追求利润最大化，因此大力推广高峰流量模式，导致一天之内只有短短两小时的人潮汹涌，而剩下三分之二的时间里，主要设施则关闭停用。分布在世界各地的各户人家，有三分之二的时间，床铺都是空着的。我们的居室有八分之七的时间处于空置状态。

“人口爆炸说”是一种谬论。随着工业化进程推进，年度人口出生率逐渐下降。到了1985年，全球各国都将完成工业化。那时，正如美国、欧洲和日本的今天一样，全世界出生率都将一降再降，而人口的增长部分则均应归功于长寿。[18]

人类的公共财富是无限的，经过开发利用，当我们充分实现了丰衣足食的那一天，地球人口也不会爆炸。全体地球人都可以集中到一个比纽约面积大一点的空间里，所有的人都会觉得空间宽裕，还没有在鸡尾酒会上挤得厉害呢。

那时，地球人口将会时而聚集，时而疏散。人们在文化中心聚集，而向世界各地疏散，地球上有的是地方。同样的一群人将为了精神交流而聚集，但为了物质体验而疏散。

目前，地球人口40亿，人均资源达到2000亿吨。

尽管我们习惯于点线面思维，但我们必须记住，宇宙是一个全向性时空；我们必须记住，出现任何意

18 无疑，世界人口在20世纪发生了“爆炸”：从1900年的16.5亿人到2000年的60.7亿人。同时，世界人口年增长率并没有骤增，而是从20世纪60年代后期的峰值2.04%，稳步降至1999年的1.3%，且预计2050年将继续降低至不足0.5%。联合国“中位变化”的人口预测认为世界人口将于2050年达到92亿，2075年达到峰值92.2亿。从20世纪70年代早期起，出生率确实在持续下降，从平均每个妇女4.47个孩子到如今（2008年）平均每个妇女2.55个孩子，预计2050年将继续减少到平均每个妇女2个孩子——略低于2.1的更替水平。全球预期寿命已由1970年的57岁稳步增长至如今（2008年）的67岁。见《世界人口展望（2006年修订版）》（联合国，纽约，2007年）及《至2300年的世界人口》（联合国，纽约，2004年）。

外情况，四维宇宙都将提供充分的个体自由。

你可能会问:“当今世界意识形态冲突严重，僵持局面日益加剧，危机重重，应该如何解决?”问得好。我的回答是:“让计算机来解决。”在伸手不见五指的雾夜，夜班飞机在导航电脑的操作下都能自动降落，安全着陆。在见识过电脑的卓越性能后，人们对它的信赖与日俱增。尽管所有的政治家或政治制度都不会心甘情愿地向对手和政敌服软示弱，但面对将要带领全人类幸福降落、安全着陆的导航电脑，谁都会拍手叫好、自叹不如吧。

因此，规划师、建筑师和工程师们，行动起来吧！好好工作，好好合作，千万不要钩心斗角，千万不要损人利己。“损人”换来的“利己”终将只是昙花一现、过眼云烟，这是进化必须遵守的协同性规则。这不是人造法条，而是宇宙法条，是我们如何凭借智力上的综合能力来征服宇宙的无限适应性准则。

附录

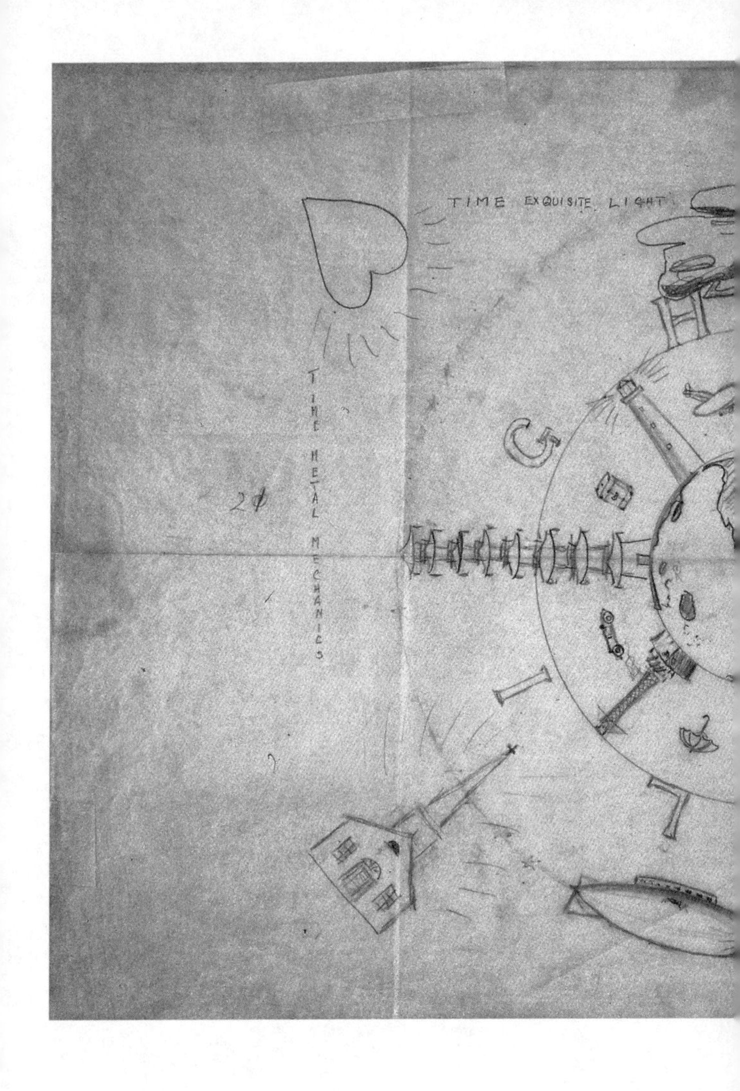

TIME EXQUISITE LIGHT
TIME METAL MECHANICS
2¢

巴奇最具标志性的草图《光明住宅》，绘制于 1928 年。（斯坦福大学特别馆藏，存于理查德·巴克敏斯特·富勒档案室。）

Substitute
5 lines

problem as follows: find the function, if any, of humans in universe; and specifically as they occur as passengers aboard the space vehicle called Earth? Identify their functioning in universal evolution.

proble
Any ex
inesca
univer
fulfil

To start with, we will now progressively subdivide universe and isolate the thinkable concept by bits through progressively dismissing residual irrelevancies. Our first isolated bit is the *system,* which at maximum is the starry macrocosmic and at minimum the atomic nucleus; the second bit reduces the macrocosmic limit to that of the *galactic nebula;* the third bit isolates the cosmic radiation from many stars in the *solar system;* and the fourth bit isolates the *cosmic radiation* and *Sun* with its sun-energized, life-bearing Spaceship Earth, together with the Earth's Moon as the most prominent components of the life regeneration on Spaceship Earth.

separates out
the solar sys
the cosmic ra
gized, life-be
WITH the Eart

Substitute

I would like to inventory rapidly the system variables which I find to be by far the most powerful in the consideration of our present life-regenerating evolution aboard our spaceship as it is continually refueled radiationally by the Sun and other cosmic radiation. Thus we may, by due process, suddenly and excitingly discover why we are here alive in universe and identify ourselves as presently operating here, aboard our spaceship, and situated

72

as follows:Are humans necessary ?
riential clues human intellect has
ble function self fegenerative scheme
,as has gravity ?How can EARTHIANS
function,avoid extinction as unfits?

cosmic radiation,gravity and
em;and the fourth bit isolates
iation,gravity,the sun,and its ener-
ring Spaceship Earth,together
's Moon as the most prominent

第一版《地球号太空船操作手册》（英文版）的版面校样，巴奇做了大量修订，页边贴有若干字条，均为修订内容。（斯坦福大学特别馆藏，存于理查德·巴克敏斯特·富勒档案室。）

1967 年 10 月 16 日，巴奇前往华盛顿特区，参加第 50 届美国规划师协会年度大会闭幕式并发表演讲。后来，巴奇在该讲稿的基础上修改增补，写成《地球号太空船操作手册》一书。右图所示为讲稿的第一页，其内容仅出现于讲稿，成书时被删去。

AN OPERATING MANUAL FOR SPACESHIP EARTH

by

R. Buckminster Fuller

If two of us meet and you take a paper out of your pocket and start reading a speech I will say, " Let me have that. I can read it to myself more effectively".

I am confident that live meetings catalyze swift awareness of the particular experiences of mutual interest regarding which our thoughts are spontaneously formulated. Live meetings often become pivotal in our lives.

For such reasons I have not prepared a paper to read to you with practiced gesturing. Nor have I memorized a speech. Nor have I made notes. I have not even allowed myself to think about what I may say to you.

I have learned that it is possible to stand and think out loud from the advantage of our most effective possible preparation which is all recorded and on tap in our brains and minds. Advance thought about our discourse spoils it. There awaiting its anytime employment by our brain scanning mind is the ever resorted and highlighted inventory of our life-long experiences integrated with all the relevant experiences others have communicated to us. Out of this inventory your live presence catalyzes my freshly reconsidering thoughts relevant to our mutual interests.

As we meet our eyes skirmish and we are aware of the subjects of prime mutual concern. Sometimes for various reasons we avoid speaking about the prime items. Sometimes we confront our faculties with the necessity to deal directly and incisively with vital but difficult issues.

Now having seen your three thousand eyes I will start my out-loud thinking about the vital and difficult issues. I have profound respect for the variety of your thoughts and apprehensions over the paradox of heretofore undreamed of human potentials as coupled with their historically unprecedented frustrations.

1970 年，巴克敏斯特·富勒与底特律大学建筑系学生座谈。当时，纪录片《巴克敏斯特 · 富勒的世界》（*The World of Buckminster Fuller*）正在拍摄中，该片由罗伯特·斯奈德执导。摄影：杰米 · 斯奈德。

扩展资源

- 巴克敏斯特 · 富勒研究所（The Buckminster Fuller Institute）：www.bfi.org
- 巴克敏斯特 · 富勒档案馆（The R. Buckminster Fuller Archive）：www-sul.stanford.edu/depts/spc/fuUer/index.html
- 巴克敏斯特 · 富勒之家（The Estate of R. Buckminster Fuller）：www.buckminsterfuller.net
- 地球政策研究所（The Earth Policy Institute）：www.earthpolicy.org
- 统一行动（The ONE Campaign）：www.one.org
- 落基山研究所（Rocky Mountain Institute）：www.rmi.org
- “我们”行动（The We Campaign）：www.wecansolveit. org

参考书目

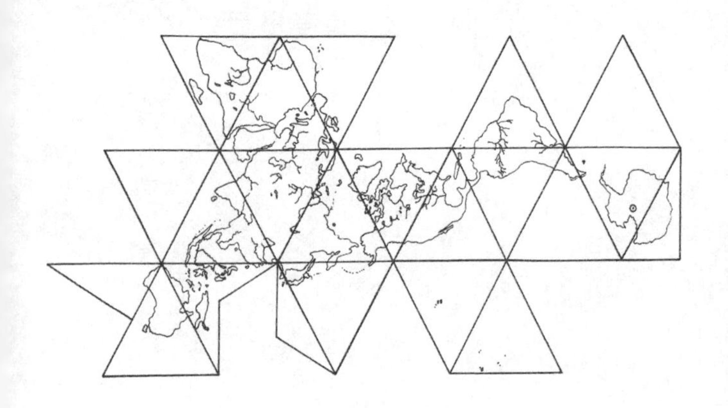

富勒绘制的世界地图，1938 年绘，1954 年修订

* 本书插图系原文插附地图
审图号：GS（2024）0789 号

巴克敏斯特·富勒作品

- 《4D时间锁》(*4-D Timelock*)，1928年
- 《通往月球的九条锁链》(*Nine Chains to the Moon*)，1938年
- 《教育自动化》(*Education Automation*)，1962年
- 《无题史诗：工业化历史》(*Untitled Epic Poem on the History of Industrialization*)，1962年
- 《思想与整合》(*Ideas and Integrities*)，1963年
- 《拒绝二手上帝》(*No More Secondhand God*)，1963年
- 《世界设计科学十年》[*World Design Science Decade*，与约翰·麦克海尔（John McHale）合著]，1963—1967年
- 《地球号太空船操作手册》(*Operating Manual for Spaceship Earth*)，1969年
- 《要乌托邦，还是要消亡》(*Utopia or Oblivion: The Prospects for Humanity*)，1969年
- 《巴克敏斯特·富勒写给地球孩子》(*Buckminster Fuller to the Children of the Earth*)，1972年
- 《直觉力》(*Intuition*)，1972年
- 《地球有限公司》(*Earth, Inc.*)，1973年

- 《协同理论》[*Synergetics: Explorations in the Geometry of Thinking*，与E. J. 阿普尔怀特（E. J. Applewhite）合作]，1975年
- 《神圣几何秘卷》(*Tetrascroll*)，1975年
- 《来过就走，莫要停留》(*And It Came to Pass-Not to Stay*)，1976年
- 《论教育》[*On Education*，罗伯特 · D. 卡恩（Robert D. Kahn）、彼得 · H. 瓦格夏尔（Peter H. Wagschal）编辑]，1979年
- 《协同理论2》[*Synergetics 2: Further Explorations in the Geometry of Thinking*，与E. J. 阿普尔怀特（E. J. Applewhite）合作]，1979年
- 《关键路径》[*Critical Path*，黑宫清（Kiyoshi Kuromiya）协助]，1981年
- 《巨人的焦虑》(*Grunch of Giants*)，1983年
- 《发明：巴克敏斯特 · 富勒专利作品》(*Inventions: The Patented Works of R. Buckminster Fuller*)，1983年
- 《宇宙学》(*Cosmography: A Posthumous Scenario for the Future of Humanity*，黑宫清协助)，1992年

致谢

在我整理和再版巴克敏斯特·富勒系列图书的过程中，许多朋友热心帮助过我。在此，我致以衷心感谢。

如果没有爱妻谢里尔（Cheryl）的坚定支持，我根本无法完成本次整理和再版工作。我重新撰写的所有内容都经过了谢里尔的认真审阅。对我来说，她既是合作伙伴，又是首席顾问和不知疲倦的编辑。她鼓励我抓住这个机会，大声疾呼，唤起社会大众对地球危机的重视。

我与珍妮特·布朗（Janet Brown）博士的合作非常愉快。我和布朗博士一起对本系列书进行了重新审订，更新了相关数据和信息，历时数月。审订工作结束后，她本人也成为一名专家级的编辑。这二十五年来，我所有的项目都得到了约翰·费里（John Ferry）的友情支持。此次亦不例外。费里协助我寻找照片、挑选图片、组织材料、调查背景资料，随时查漏补缺，更不用说他还同时管理着我们的诸多其他项目。

在此，我也要感谢斯坦福大学特别馆藏部主任罗伯托·特鲁希略（Roberto Trujillo），感谢他为我的研究提供方便，允许我出入理查德·巴克敏斯特·富勒档案室。特别值得鸣谢的还有公共事务和手稿事务部主任马蒂·陶尔米纳（Mattie Taormina），每当我需要扫描档案图片时，他总是有求必应，行事高效，加快了我的工作进程。那些日子，我成天待在他们漂亮整洁的阅览室里，查阅文件，翻读资料，好像在跟巴奇本人愉快交谈。于我，这是个意外的惊喜和莫大的乐趣。

我尤其要向拉斯·缪勒（Lars Müller）本人表达我的感激之情。自从拉斯完成了《专属于你的天空：设计科学的艺术》（*Your Private Sky: The Art of Design Science*）上、下两部图书的设计之后，他一直与我讨论如何整理再版富勒的系列图书，距今近十年了。拉斯是一位杰出的书籍艺术设计师，一直以来，他不断鼓励我，激发我把“合乎时代潮流的先进前卫”作为再版工作的目标，旨在吸引年青一代的读者。我也一并感谢瑞士拉斯·缪勒出版社的高水平团队：迈克尔·富勒（Michael Furrer）、凯塔琳娜·库尔克（Katharina Kulke）、利·菲斯特（Lea Pfister），还有西班牙的约翰森·福克斯（Jonathan Fox）。再没有比你们更出色的团队了。

最后，我衷心感谢我亲爱的“富勒”一家人：我的姐姐亚历山德拉·富勒·梅（Alexandra Fuller May），她对推动设计革命满怀激情，主张设计必须革新，必须瞄准新一代的用户需求；我的母亲阿利格拉·富勒·斯奈德（Allegra Fuller Snyder），她总是为我加油鼓劲，而且她对巴奇人生的观察和感悟富有真知灼见；我已故的父亲罗伯特·斯奈德（Robert Snyder），他最早拍摄了巴奇的纪录片，堪称本系列书的先锋作品；我的姨妈亚历山德拉·富勒（Alexandra Fuller）[1]，她在我母亲出生前五年去世；还有最亲爱的巴奇外祖父和安妮外婆[2]。感谢他们为我们付出了那么多。

杰米·斯奈德

1 译注：巴克敏斯特·富勒育有两女：长女亚历山德拉·富勒，1918年出生，不满4岁时病故夭折；次女阿利格拉·富勒·斯奈德，1927年出生。

2 译注：1983年7月1日，巴克敏斯特·富勒因突发心脏病去世，两天后，他的夫人安妮因癌症去世。

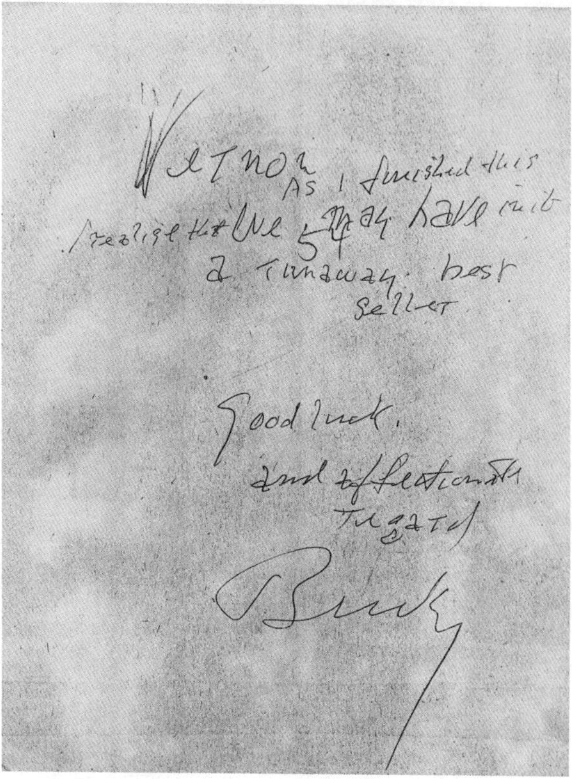
Vernon
As I finished this
I realize that we may have
a runaway best
seller

Good luck,
and affectionately
regards
Bucky

南伊利诺伊大学位于卡本代尔，20 世纪 60 年代，巴奇在此任教职。南伊利诺伊大学出版社出版了巴奇的若干作品，包括《地球号太空船操作手册》（英文版）的第一版。出版编辑为维尔农·斯特恩伯格。上图所示为巴奇的手写便条复印件，与初版定稿和出版社送来的版面校样日程表夹在一起。在这张便条里，巴奇谈到了这本书：“维尔农，书稿完成后，我感觉这很可能会是一本抢手的畅销书呢……祝好运！致礼，巴奇。”（斯坦福大学特别馆藏，存于理查德·巴克敏斯特·富勒档案室。）

译后记

理查德·巴克敏斯特·富勒，这不是个如雷贯耳的名字，可是一旦提起，却势必一言难尽，绝非寥寥数语可以概括定论。

多年前听说富勒，是因为蒙特利尔生态球（Montréal Biosphère），这座1967年蒙特利尔世博会的美国馆，以其轻盈剔透的巨大网格球顶结构惊艳世界。其设计者富勒面颊瘦削、黑框眼镜、神情凝重、深色着装，同柯布西耶的造型似乎如出一辙，于是他理所当然地踩着“建筑师”的方步走进我的视野，也就那么面目模糊地停留在我的印象里了。想来国内有许多建筑同人对富勒的了解也大抵如此吧。

直至我接到《地球号太空船操作手册》这本书的翻译任务，前前后后查找资料的过程中，富勒的形象才在我眼中更加全面、鲜明和清晰起来。

在我看来，富勒的一生，两大关键词：很超前、很“斜杠”。

富勒的超前显而易见。出版于1969年的《地球号太空船操作手册》把整个地球视为一艘巨型太空船，富勒在书中告诉我们应该如何正确操作，才能确保人类在宇宙中永久续航。他可不是在进行科幻趣味的奇思妙想，而是在严肃郑重地探讨系统科学、环境保护、资源利用和可持续发展。早在五十年前，这位思想先驱就从理论上预见到人类会陷入有限资源终将耗尽的困境，但他积极乐观地提出了应对策略：全球一体化，系统化利用资源，全人类协同工作。

富勒一生最信奉协同效应，最推崇以少胜多，他梦想的理想世界叫Dymaxion（dynamic-maximum-ion，戴美克森）。他发明了很超前的戴美克森氏地图（Dymaxion Map）：将全球投影在正二十面体上展开。他设计了很超前的戴美克森氏汽车（Dymaxion Car）：三轮、原地掉头、低油耗、高能效，而且期望未来不断改进成为水陆两用甚或水陆空三用。他建造了很超前的戴美克森氏房屋（Dymaxion House）：六边形楼板、中央支柱、张拉索悬挂围护面层、轻便灵活、具有高度适应性。

富勒疾步如飞，走在时代前面。

富勒的“斜杠”属性更为显而易见：建筑师/工程师/发明家/几何学家/思想家/系统学家/未来学家/大学教授/作家/诗人/演讲家……所有这些专业身份都不虚张声势。

建筑师/工程师富勒设计建造了蒙特利尔生态球、戴美克森氏房屋。

发明家富勒拥有28项美国专利，设计制造了戴美克森氏原型车。

几何学家富勒开创了“能量协同性几何学”（Energetic Synergetic Geometry），开发出一套新型的球面三角测量投影方法——戴美克森氏投影法，绘制出戴美克森氏地图。

思想家/系统学家/未来学家富勒前瞻宏远、创见独具，他大力推广“协同效应”的概念，提出全球系统化发展的理念，呼吁全人类协同工作，攀登文明的更高峰。

大学教授富勒虽然在青年时代两次被哈佛开除并毅然辍学，成名之后却在北卡罗来纳州、佛蒙特州、伊利诺伊州、华盛顿州的多所高等院校传道授业。

作家/诗人富勒出版了近30本专著及诗集。

演讲家富勒环球演说，呼吁建立地球危机意识，为公众启蒙。据杰米·斯奈德回忆，二十八年内，他的外祖父富勒举办并发表过几百场演讲。

纵观富勒这一生，超前而颠覆，斜杠又斜杠，无怪乎有粉丝夸张地惊呼他为“现代达·芬奇”。然而，后世回顾，我们却发现，身为门萨协会第二届全球会长的高智商精英，富勒终其一生创造应用的实际成果并不多。也许，斯坦福历史学家、富勒研究专家巴里·卡茨的著名评语最为中肯——“富勒最伟大的发明是他自己”。我想，富勒的最大意义或许就在于他以超前而“斜杠”的一生向我们展现了人类智能的无限潜力，示范了个体发展的无限可能性。

本书的翻译过程既富有趣味，又颇具挑战。富勒的思想深邃，闪动着哲学思辨的光芒。富勒的用词偏生僻，不乏自造。富勒的表述偏冗长、很繁复，从句套从句，往往一句话便铺排了十行，足足一个自然段。我尽量按照汉语思维习惯，将之合理拆译为一组组短句。我深知，这是个不断学习、不断吸收的过程，粗疏错漏在所难免，敬请读者不吝赐教。

感谢王娜编辑热情约稿、辛勤审稿，并在翻译工作中给予大力支持和协助！有缘合作，理念相投，作为一名译者，备感同甘共苦、温暖欣然。

最后，衷心感激我的诸位亲友，谢谢陈新斌、应雪华、施林祥、卢雪梅、陈风、陈磊和张鸣！谢谢你们的关怀和帮助！

陈霜

2017年6月

小开本 CN QST
轻松读文库

产品经理：张雅洁
视觉统筹：马仕睿 @typo_d
印制统筹：赵路江
美术编辑：梁全新
版权统筹：李晓苏
营销统筹：好同学

豆瓣 / 微博 / 小红书 / 公众号
搜索「轻读文库」

mail@qingduwenku.com